KB142144

# 화이트홀

BUCHI BIANCHI

by CARLO ROVELLI

Copyright © 2023 Adelphi Edizioni SPA, Milano

Translation copyright © 2024 Sam&Parkers Co., Ltd.

This edition was published by arrangement

with Icarias Agency. All rights reserved.


이 책의 한국어판 저작권은 Icarias Agency 를 통해

Adelphi Edizioni와 독점 계약한 도서출판 쌤앤파커스에 있습니다.

저작권법에 의하여 한국 내에서 보호를 받는 저작물이므로

무단전재와 복제를 금합니다.

# WHITE HOLES

# 화이트홀

## 카를로 로벨리

이중원 감수 | 김정훈 옮김

## CARLO ROVELLI

**일러두기**

· 이 책은 Carlo Rovelli의 이탈리아판 원서 《Buchi bianchi》(2023)를 대본으로 삼아 번역했고,
  영역판 《White Holes》(2023)을 참고하여 감수했다.
· 독자의 이해를 돕기 위한 저자주는 번호를 달아 미주로 처리했다.

과학과 꿈의 동반자
프란체스카에게

우리가 할 수 있는
가장 아름다운 경험은 신비로움이다.
그것은 근본적인 감정이며
진정한 예술과 진정한 과학의 요람이다.
그것을 모르고 더 이상 궁금해하지 않는
사람은 죽은 것이나 다름없고,
그 눈은 흐려져 있다.
/
알베르트 아인슈타인

# 차례

# 1

## 이것은 현재 진행 중인 모험에 대한 이야기

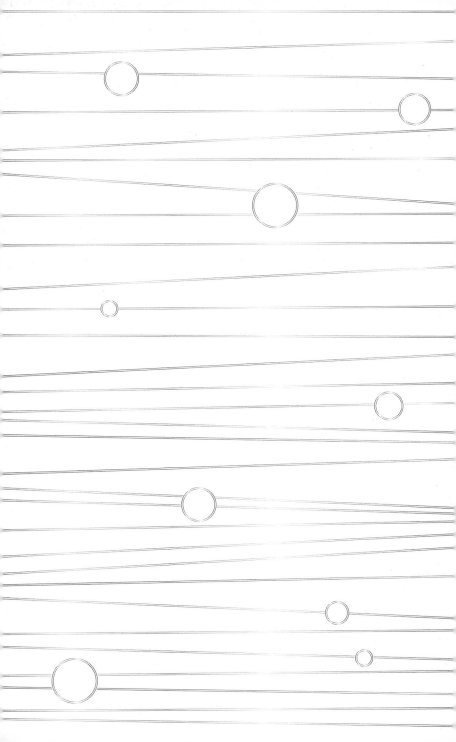

*1.*

시작은 어려운 단계입니다. 첫 마디는 공간을 엽니다. 내가 막 사랑에 빠져들려고 하는 소녀의 첫 눈길처럼 말입니다. 어렴풋한 미소 하나에 인생이 달려 있습니다. 글을 쓰기 전에 나는 오래 망설였습니다. 여기 캐나다에 있는 나의 집 뒤편의 숲으로 오랫동안 산책을 가곤 했습니다. 어디로 가야 할지도 잘 모르는 채….

나는 몇 년 동안 블랙홀의 수수께끼 같은 동생인 화이트홀에 초점을 맞춰 연구를 해왔습니다. 이 책은 그 화이트홀에 관한 책입니다. 나는 하늘에서 수백 개나 볼 수 있는 블랙홀이 어떻게 만들어졌는지 설명하고자 합니다. 시간이 느려지다가 멈추는 것처럼 보이고, 공간이 찢겨진 것처럼 보이는, 이 이상한 별들의 가장자리에서는 어떤 일이 일어나는지를 말하려 합니다. 그런 다음 안쪽으로 들어가 가장 깊숙한 곳, 시간과 공간이 녹아내리는 곳까지 내려갑니다. 시간이 거꾸로 가는 것처럼 보이는 먼 곳까지. 화이트홀이 탄생하는 곳까지.

이것은 현재 진행 중인 모험에 대한 이야기입니다. 모든 여행의 시작이 그러하듯, 어디로 이어질지 확신할 수는 없습니다. 그 첫 미소에, 우리가 어디서 함께 지내게 될지 물을 순 없으니…. 나는 비행 계획을 생각하고 있습니다. 블랙홀의 지평선 끝에 도착해 안으로 들어가서는 바닥으로 내려갑니다. 그러고 나서는 《거울 나라의 앨리스 Through the Looking Glass and What Alice Found There》처럼 바닥을 통과해 다시 화이트홀로 나옵니다. 거기서 우리는 시간이 거꾸로 가면 어떻게 되는지 묻습니다. 몇 초이지만 몇 백만 년이기도 한 시간이 지난 후, 또는 이 얇은 책을 읽는 시간이 지난 후 우리는 마침내 다시 나와서 별들을 봅니다. 우리가 보던 별들입니다.

따라오시겠습니까?

마르세유. 할 해거드Hal Haggard는 내 연구실의 칠판 앞에 서 있습니다. 나는 안락의자에 앉아 팔꿈치를 탁자 위에 올린 채 그를 바라보고 있습니다. 창문 너머로 지중해의 맑고 눈부신 빛이 들어옵니다. 그렇게 화이트홀로 가는 모험이 시작되었습니다.

할은 미국인이고 체로키족 혈통이 조금 섞여 있는 것 같습니다. 그는 자신의 생각의 광채를 누그러뜨리는 따뜻함이 있는데, 아마 그 혈통의 힘에서 오는 것일지도 모르겠습니다. 지금은 대학에서 학생들을 가르치고 있지만 당시에는 아직 학생이었습니다. 상냥하고 정확하며, 매우 성숙한 소년처럼 차분한 모습이었죠. 그는 내가 이해하지 못하는 뭔가를 나에게 말하려고 애쓰고 있습니다. 블랙홀의 긴 수명이 끝나는 바로 그 순간, 블랙홀에 어떤 일이 일어날 수 있는지에 대한 아이디어입니다.

그의 말이 기억납니다.

"아인슈타인의 방정식은 시간을 거꾸로 돌려도 변하지 않아요. 반등을 일으키려면 시간을 거꾸로 돌리고 해解들을 함께 결합하기만 하면 돼요."

나는 혼란스러웠습니다.

그러다 갑자기 무슨 뜻인지 알 것 같았습니다. 우와! (저는 이탈리아 사람이라 체로키 사람처럼 차분하지 않습니다.) 칠판으로 가서 그림을 그립니다. 심장이 두근거립니다.

할이 그림을 보며 생각합니다.

"네, 대강 그래요."

나는 말을 잇습니다.

"안쪽은 양자 **터널 효과**에 의해 블랙홀이 화이트홀로 변하지만 바깥쪽은 동일하게 유지될 수 있다는 건데…"

그는 다시 좀 더 생각합니다.

"네… 글쎄요…. 어떻게 생각하세요? 될 거 같아요?"

성공했습니다. 적어도 이론상으로는요.

마르세유의 밝은 빛 아래서 그 대화를 나눈 지 9년이 흘렀습니다. 이후 나는 블랙홀이 화이트홀로 변할 수 있다는 가설에 대한 연구를 계속해왔습니다. 함께하는 학생과 동료들이 점점 더 늘어났습니다. 제게는 참으로 아름

답게 보이는 아이디어였죠. 이 책에서 이야기하고 싶은 것은 바로 그 아이디어입니다.

맞는지는 모릅니다. 화이트홀이 실제로 존재하는지조차 모릅니다. 블랙홀에 대해서는 우리가 많이 알고 있고, 볼 수도 있지만, 화이트홀은 아직 아무도 보지 못했습니다.

파도바대학에서 박사 학위를 받기 위해 공부할 때, 우리는 마리오 토닌Mario Tonin에게 이론 물리학을 배웠습니다. 그는 나에게 "신께서는 매주 유명한 물리학 학술지 《피지컬 리뷰 D》를 읽는 것 같다."고 말했습니다. 마음에 드는 아이디어를 발견하면 '짜잔!' 신은 그것을 실행하여 보편적인 법칙을 재정립한다는 얘기였습니다.

그렇다면, 부디 신이시여, 블랙홀이 결국 화이트홀로 변하도록 만들어주세요.

앞부분을 다시 읽었습니다. 화이트홀을 처음 만났을 때의 이야기였죠. 이제 모든 것을 순서대로 설명하고 싶습니다. 할과 내가 어떤 종류의 물체에 대해서 이야기하

고 있었는지, 우리가 무엇을 알고 무엇을 모르는지, 우리
가 풀려고 애썼던 문제가 무엇이었는지, 할의 아이디어가
어떤 것이었는지, 그것이 의미하는 바가 무엇인지, 시간
을 역전시킨다는 것(복잡하지 않아요.)이 무엇을 의미하는
지, 시간이 방향을 갖는다는 것이 무엇을 의미하는지(이건
더 복잡하죠.)를 말입니다.

　　나를 따라오면 블랙홀의 가장자리, 지평선[1]에 도달하
여, 그 속으로 들어가서는, 공간과 시간이 녹아내리는 바
닥까지 내려간 다음, 그곳을 통과해, 시간이 역전된 화이
트홀로 들어갑니다. 그리고 거기서 솟아 나와 미래로 나
가게 될 것입니다.

　　그럼 이제 화이트홀을 향해 출발합니다.


2.


아니, 사실은 먼저 블랙홀을 향해 가보겠습니다. 화이트

홀이 무엇인지 이해하려면 먼저 블랙홀이 무엇인지부터 알아야 하거든요. 블랙홀이란 무엇일까요?

가장 먼저 실수했던 사람은 아인슈타인이었습니다. 1915년, 알베르트 아인슈타인은 10년간의 필사적인 연구 끝에 일반 상대성 이론의 최종 방정식을 발표했습니다. 오늘날 전 세계 모든 대학에서 가르치고 있는 그의 가장 중요한 이론이죠.

몇 주가 지나지 않아 아인슈타인은 당시 독일군 중위였던 젊은 동료 카를 슈바르츠실트 Karl Schwarzschild 로부터 편지를 받습니다. 슈바르츠실트는 몇 달 후 동부 전선에서 목숨을 잃습니다.

편지는 다음과 같은 아름다운 말로 끝맺습니다.

"보시다시피, 끊임없는 포화에도 불구하고 전쟁은 제게 조금은 친절을 베풀어주었습니다. 제가 이 모든 것에서 벗어나 당신의 생각의 땅을 거닐 수 있을 만큼은요."

당신의 생각의 땅을 거닌다니….

동부 전선에서 전투가 잠시 중단되는 동안, 그때나 지

금이나 맹위를 떨치는 인간의 어리석음 때문에 학살된 (국경선을 위해 죽는 것보다 더 어리석은 일이 있을까요?) 독일과 러시아 소년들의 시체 사이에서, 슈바르츠실트는 아인슈타인의 생각의 땅을 걸으며 아인슈타인이 막 발표한 방정식의 '엄밀 해'를 구했습니다.

이 방정식(내 책 《모든 순간의 물리학》에 있는 유일한 공식)은 아주 힘든 작업의 결과물이었습니다. 우리는 그 흔적을 일련의 논문들에서 찾아볼 수 있는데, 각 논문에 실린 다른 버전의 방정식들은 모두 틀린 것이었습니다. 틀린 것을 발표할 용기가 없다면 아인슈타인이 될 수 없는 것이죠.

1915년, 마침내 방정식이 맞아떨어졌습니다. 이 방정식은 그 후 수십 년 동안 물리학자들이 공간과 시간의 본질에 대한 생각을 수정하도록 만들고, 시계가 평지보다 산에서 더 빨리 가고, 우주가 팽창하며, 공간의 파동이 있다는 등등의 사실을 깨닫게 해주었습니다. 오늘날 우리가 우주를 연구하는 데 사용하는 이 방정식은, 아마도 물리학에서 가장 아름다운 방정식일 것입니다.

이 책에서 우리는 이 방정식들과 가깝고도 복잡한 관계를 맺게 될 것입니다. 이 방정식들은 공간, 시간, 중력에 대해 우리가 이해한 최선의 것을 요약한 것입니다. 그렇기에 베르길리우스Vergilius가 단테에게 그랬듯, 우리의 안내자가 되어줄 것입니다. 우리는 그것을 이해에 다다르기 위한 도구로 사용할 것입니다. 그것은 블랙홀의 가장자리에서, 그리고 그 안에서 우리가 무엇을 기대해야 할지를 알려줄 것입니다. 화이트홀이 무엇인지도 알려줄 겁니다. 이상한 풍경의 영토를 통과하는 길을 보여줄 것입니다. 그러나 사실 지금부터 제가 하려는 이야기의 요점은 **이러한 방정식이 더 이상 작동하지 않는 곳**에 가서 어떤 일이 일어나는지 보는 것입니다. 우리는 거기서 그 방정식들을 버려야 합니다. 과학은 바로 그런 것입니다.

여정의 중간에 우리는 이 방정식들의 든든한 안내를 뒤로하고 더 달콤한 것에 사로잡혀야 할 것입니다. 단테도 여정의 중간에 결국 베르길리우스를 뒤로하고 더 달콤한 것에 사로잡히죠.

슈바르츠실트에게로 돌아갑시다. 그가 아인슈타인에게 보낸 편지에서 밝힌 해는 오늘날 모든 대학 교과서에 실려 있습니다. 그것은 질량이 있는 물체 주위에서, 예컨대 지구나 태양 주위에서 공간과 시간에 어떤 일이 일어나는지 설명합니다. 지구나 태양의 질량은 공간과 시간을 휘어지게 만듭니다. (이에 대해서는 잠시 후에 더 자세히 설명하겠습니다.) 공간과 시간의 이러한 휘어짐 때문에 물체가 지구를 향해 떨어지고 행성이 태양 주위를 공전하게 됩니다. 중력이 작용하는 원인인 것이죠.

슈바르츠실트가 연구한 문제는 지구나 태양과 같이 무거운 물체 주위에서 중력효과로 인해 물체가 어떻게 움직이는가 하는 것이었습니다. 이는 3세기 전 뉴턴이 연구하여 현대 과학의 길을 열었던 것과 동일한 문제입니다. 아인슈타인과 슈바르츠실트는 뉴턴을 수정하여, 물체가 질량 주위에서 어떻게 움직이는지에 대한 뉴턴의 예측을 개선했습니다. 그러나 슈바르츠실트가 발견한 해는 행성의 움직임을 약간 수정한 것 외에도, 근본적으로 새롭고 아주 이상한 것을 포함하고 있습니다. 질량이 극도로 집중되면 질량 주위에 구형 표면인 껍질이 형성되는데, 여기서 모든 것이 기괴해집니다. 시계는 질량 근처에서 항상 느려지지만, 여기서는 아예 멈춰버립니다. 시간이 정지된 것이죠. 공간은 질량이 있는 방향으로 긴 깔때기처럼 늘어나는데, 이 기괴한 구형 표면에서는 늘어나다 못해 찢어져버립니다. 그리고 바로 그 안쪽에 있는 점들은 이미 무한히 멀리 떨어져 있습니다.

시간이 멈추고, 공간이 찢어지고…. 이 모든 것이 기이하고 터무니없게 들립니다. 아인슈타인은 이러한 것들이 말이 안 된다고 결론 내립니다. 그런 터무니없는 표면은 현실에 존재할 수 없다고 말입니다.

수학적으로 계산해보면, 엄청나게 큰 질량을 압축시켜야만 이러한 표면이 형성될 수 있습니다. 예를 들어, 지구 주위에 그러한 표면을 형성하려면 지구 전체를 탁구공만한 크기로 압축해야 하는 겁니다! 터무니없죠. 아인슈타인은 이런 이야기가 다 쓸데없다고 결론지었습니다. 이런 기괴한 껍질이 형성될 정도로 질량을 집중시킬 수는 없다는 것이었죠.

그러나 아인슈타인은 틀렸습니다. 그는 자신의 방정식에 대한 믿음이 충분하지 않았습니다. 그는 자신의 이론에 담긴 이상한 것을 믿을 용기가 없었습니다. 오늘날 우리는 그토록 질량이 집중된 물체가 존재한다는 것을 알고 있습니다. 하늘에 수십억 개가 있죠. 바로 블랙홀입니다.

천문학자들은 수 킬로미터 크기의 블랙홀부터 태양계 전체만큼이나 큰 거대한 블랙홀이 있다는 것을 확인했습니다. (탁구공만큼) 작은 것도 있고 (무게가 머리카락만큼 나가는) 아주 작은 블랙홀도 있을 수 있지만, 아직까지 발견되지는 않았습니다. 아직은요.

하늘에서 발견된 대부분의 블랙홀은 연소가 끝난 별에서 생겨났습니다. 원래는 거대한 별이었는데, 만약 연소하지 않았더라면 그 무게에 스스로 짓눌려 부서졌을 정도로 너무도 무겁습니다. 별은 구성 성분인 수소를 연소시켜 헬륨으로 바꿉니다. 이 연소로 인해 발생한 열이 만들어낸 팽창력이 별의 무게와 균형을 이루어, 별이 자신의 무게로 짓이겨지는 것을 막습니다. 이런 식으로 별은 수십억 년 동안 계속 살아갑니다.

그러나 영원한 것은 없습니다. 결국 수소는 모두 소모되어 더 이상 타지 않는 헬륨과 다른 재로 변합니다. 연료가 바닥난 자동차처럼 되는 것이죠. 온도가 떨어지고 무게가 우세해지기 시작합니다. 별은 중력의 영향으로 으스러집니다. 큰 별의 중력은 엄청납니다. 가장 단단한 암석조차도 그 압력을 견딜 수 없죠. 별이 스스로 붕괴되는 것을 막을 수 있는 것은 이제 아무것도 남아 있지 않습니다. 그리하여 별은 그 지평선 안으로 압축되면서 붕괴합니다. 블랙홀이 형성되는 것입니다.

이러한 것들을 알게 되기 전인 1928년, 벨 전화 회사는 무선통신을 방해하는 잡음을 연구하기 위해 23세의 물리학자 카를 잰스키Karl Jansky를 고용했습니다. 잰스키는 30미터 길이의 초보적인 안테나를 만들었습니다. 이는 바퀴가 달린 기괴한 금속 막대 격자로, 어느 방향으로든 회전할 수 있었습니다. 동료들은 그것을 '잰스키의 회전목마'라고 불렀습니다. 여기에 그 사진이 있습니다.

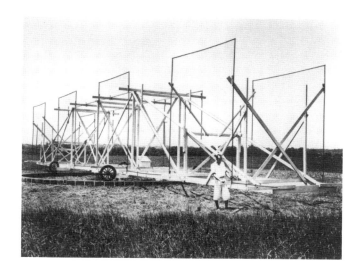

잰스키는 이 안테나로, 지나가는 뇌우의 섬광과 라디오 안테나로 인한 소음 등 잡히는 모든 무선 신호를 기록했습니다. 거기서 그는 이상하게도 규칙적인 신호를 발견하게 되는데, 안테나가 돌 때마다 뭔가 휘파람 같은 소리가 감지되는 것이었습니다.

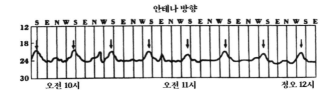

잰스키의 여동생은 아버지가 늘 "모든 것을 조사해!"라고 하면서 자녀들을 키웠다고 말합니다. 잰스키는 1년 넘게 이 휘파람 소리를 조사합니다. 그 소리는 24시간마다 강도가 증가했다가 감소했습니다. 잰스키는 태양이 24시간마다 그 위를 지나가니까 휘파람 소리가 태양에서 나온다고 생각했습니다. 그러나 악마는 항상 디테일에 있죠. 휘파람을 계속 더 정확하게 조사하면서 그는 그 주기가 24시간이 아니라 조금 더 짧은 23시간 56분이라는 것을 알아냈습니다. 그러니까 가장 강한 신호가 항상 같은 시간에 발생하는 것이 아니었던 겁니다. 신호가 전날보다 조금 일찍 나타나는 것이었죠. 이상했습니다. 태양이 아니라면….

그런데 한 동료 천문학자가 23시간 56분은 별이 하늘에서 회전하는 주기라고 지적해줍니다. (지구는 1년에 한 바퀴씩 태양의 주위를 돌기 때문에, 별이 하늘에서 회전하는 데 걸리는 시간은 태양보다 조금 더 짧습니다.) 그렇다면 신비한 전파 신호는 별에서만 나올 수 있는 것이었습니다! 그 방향은 찾기 쉬웠습니다. 신호가 가장 강할 때 안테나가 향한 쪽에 있는 별에서 나오겠죠. 천체 지도를 참고해보니, 그것은 우리 은하계 중심에서 나오는 것이었습니다.

이 소식은 〈뉴욕타임스〉에 실릴 정도로 센세이션을 일으켰습니다. 헤드라인은 "은하계 중심에서 전파가 온다." 1933년 5월 15일, NBC 라디오는 수백만 명의 미국인이 듣고 있는 가운데 잰스키의 인터뷰와 함께 별에서 들려오는 휘파람 소리를 생방송으로 내보냈습니다.

"안녕하세요, 청취자 여러분, 오늘 밤 우리는 태양계 밖, 별들 사이 어딘가에서 송신된 라디오 신호를 실시간으로 듣게 될 것입니다."

잰스키는 신호가 은하계 중심에서 오는 것이라고 청취자에게 설명합니다. 아나운서는 3만 광년이나 떨어진 곳에서 방출된 신호가 우리에게 도달하려면 그 힘이 "엄청나게 커야겠다."고 덧붙여 말합니다.

"지구상의 그 어떤 라디오 방송국보다 몇 조 배 더 강력해야 하겠네요…"

그 5일 전인 1933년 5월 10일, 베를린의 오페른플라츠에서는 나치가 최대 규모의 도서 소각을 벌였습니다. 불태워진 책 중에는 블라디미르 마야코프스키Vladimir Mayakovsky의 시집("내 시는 가닿을 것이다… 죽은 별빛이 가닿는 것과는 달리.")도 있었고 아인슈타인의 책과 그에 관한 책도 포함되어 있었습니다. 90년이 지난 지금, 이 책들에 담긴 아이디어 덕분에 우리는 수백만 명의 미국인이 들었던 신비한 휘파람 소리가 무엇인지 알게 되었습니다. 그것은 우리 은하 중심에 있는 거대한 블랙홀 속으로 빠져 들어가기 전에 격렬하게 소용돌이치고 있는 백열 물질에서 방출되는 방사선이었습니다. 그 블랙홀은 지구의 궤도 전체만큼이나 크고 질량은 태양의 400만 배에 달합니다.

이 페이지의 세 번째 수정본을 읽고 있는 오늘, 천문학자들이 은하계 중심에 있는 바로 이 블랙홀의 이미지를 공개했습니다. 이 이미지는 100년 전 잰스키의 안테나에 포착된 것과 동일한 방사선을 방출하면서, 블랙홀 주위를 회전하며 작열하는 물질을 보여주고 있습니다.

정말 감동적이었습니다. 블랙홀이 실제로 존재하는지도 모른 채로 평생 블랙홀을 연구해왔는데…. 이제야 직접 이미지를 보게 되다니. 대학생이었을 때만 해도 이런 일이 일어날 거라고는 생각도 못 했거든요.

20년 전만 해도 블랙홀의 존재를 의심하는 사람들이 많았습니다. 2000년 1월에 제가 미국에서 프랑스로 이사했을 때, 새로 부임한 부서장이 "블랙홀이 실제로 존재한다고 정말로 믿는 건 아니죠?"라고 물었습니다. 이제는 그도 생각이 바뀌었습니다. 비판하려고 이런 말을 하는 것이 아닙니다. 바로 이것이 과학의 아름다움이라고 말하려는 겁니다. 자신의 주장을 철회하는 것은 잘못이 아닙니다. 그것은 뭔가를 배운다는 거니까요. 최고의 과학자는 자신의 주장을 자주 철회하는 사람입니다. 아인슈타인처럼 말이죠.

앞의 이미지에서 실제 블랙홀, 혹은 **지평선**(블랙홀을 둘러싸고 있는 기묘한 표면)은, 물질의 중심부에 있는 작고 어두운 원반인데 그 주위를 물질이 소용돌이치며 이글거리고 있습니다.

이 지평선이 우리의 관문이 될 것입니다.


## 3.

이제 이 문턱, 지평선에 다가가봅시다. 3만 광년 떨어진 금속 막대 격자에도 감지될 정도로 격렬하게 소용돌이치며 작열하는 물질 너머, 거대한 블랙홀의 지평선에서는 어떤 일이 벌어질까요?

지평선에서 일어나는 일을 이해하는 데는 수십 년이 걸렸습니다. 그것을 이해하지 못한 사람은 아인슈타인만이 아니었습니다. 물리학자들과 천체 물리학자들은 오랫동안 혼란스러워했습니다. 20세기 후반이 되어서야 우리는 이 지평선을 이해하기 시작했습니다. 오늘날에도 혼란스러워하는 동료들이 꽤 있죠.

그럼 이제 가서 봅시다.

　　행성이 태양을 중심으로 공전하는 원리를 최초로 이해한 케플러는 〈꿈〉이라는 제목의 글에서, 어머니와 함께 빗자루를 타고 태양계를 날아다니며 태양과 행성을 가까이서 볼 수 있었던 일을 이야기합니다.

　　케플러의 어머니는 마법을 부렸다는 죄로 재판을 받았습니다. 그녀가 정말로 마녀였을까요? 재판에서 그녀는 아들의 변호를 받았고, 결국 무죄방면되었습니다.

　　케플러는 가서 보고 싶었을 것입니다. 가서 보는 것, 그것이 바로 과학입니다. 한 번도 가보지 않은 곳을 가서 알아보려는 것. 수학, 직관, 논리, 상상력, 이성을 사용해서요. 태양계 주변, 원자의 중심, 살아 있는 세포 내부, 우리 뇌의 뉴런 내부, 블랙홀의 지평선 너머까지… 정신의 눈으로 보러 갑니다.

지구상에서는 그 너머가 보이지 않는 멀리 있는 선을 '지평선'이라고 부릅니다. 하지만 배를 타고 그 선을 향해 항해하면 그 선을 넘을 수 있습니다. 지평선 **너머**로 갈 수 있는 것이죠. 그 선을 넘어도 특별한 일은 벌어지지 않습니다. 해안에서 우리를 바라보는 사람들의 시야에서는 사라지지만, 배에서는 아무런 특별한 일도 일어나지 않죠. (어떤 항해에서는 축하 파티가 벌어질지도 모르겠지만요.)

놀랍게도 이것은 블랙홀의 '지평선'에서도 마찬가지입니다. 우주선을 타고 가서 원하는 만큼 지평선에 가까이 다가갈 수 있다고 해봅시다. 지평선에 다다릅니다. 이제 건너갑니다. 그래도 특별한 일은 일어나지 않습니다. 우리의 시계는 정상 속도로 똑딱거리고, 주위의 공간 거리도 계속 정상입니다.

우리가 블랙홀의 지평선 안으로 들어가면 멀리서 지켜보던 친구들은 더 이상 우리를 볼 수 없게 됩니다. 우리는 **그들의** 지평선 너머에 있습니다. 바다의 수평선 너머로 사라진 배처럼 말이죠. 블랙홀의 지평선을 넘고 나면 우리가 바깥으로 신호를 보내려고 빛을 뒤쪽으로 쏘아 보내도 그 광선은 빠져나가지 못합니다. 광선은 지평선의 껍질 안에 갇혀 있어, 더 이상 멀리 있는 친구들에게 도달할 수 없습니다. 지평선 안쪽은 중력이 너무 강해 빛까지도 끌어당겨 가둬버리기 때문입니다.

그렇다면 왜 슈바르츠실트 해Schwarzschild solution는 지평선에서 시계가 멈추고 공간이 찢어진다고 하여, 아인슈타인과 뭇 사람들을 혼란스럽게 만들었던 걸까요? 지평선을 넘을 수도 있고, 그곳에서 모든 것이 정상이라면, 슈바르츠실트 해가 틀린 건 아닐까요?

아니요, 틀린 것은 아닙니다. 그것은 다만 지평선에서 멀리 떨어져 있는 사람의 관점에서 말한 것이었을 뿐입니다. 슈바르츠실트 해는 **지평선 바깥에서 본** 공간의 지도와 같습니다.

지도에서는 (잘 알려져 있듯이) 특이한 일이 일어납니

다. 두 개의 원반으로 이루어진 지구의 지도를 예로 들어 보겠습니다.

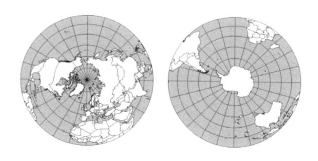

이 지도에서는 적도가 매우 특별한 장소처럼 보입니다. 지구의 표면이 끝나는 세상의 가장자리처럼 보이죠. 그러나 실제로 적도는 지구의 가장자리가 아니며, (더위를 제외하면) 딱히 특별한 일도 일어나지 않습니다. 지구의 표면은 평평하지 않기 때문에 지도 한 장에 다 담을 수는 없지만, 그렇다고 지도의 가장자리에서 지구가 끝나는 것은 아닙니다. 시공간도 평평하지 않으므로, 단일 지도에 들어맞지 않습니다. 그렇다고 해서 슈바르츠실트 해의 가장 자리에서 시공간이 끝나지는 않습니다.

바로 이런 일이 아인슈타인과 다른 모든 사람들에게 일어났던 것입니다. 앞의 지도를 보고 지구가 적도에서 끝났다고 생각한 사람처럼, 그들은 슈바르츠실트 해를 잘못 해석했던 것입니다. 수십 명의 뛰어난 과학자들이 수십 년 동안 이런 실수를 저질러왔습니다. (심지어 교수들 중에서도 여전히 이런 실수를 저지르는 이들이 있습니다.)

그것이 실수라는 걸 어떻게 알아냈을까요? 어쨌든 블랙홀의 지평선에서 어떤 일이 일어나는지 직접 가서 본 사람은 아무도 없는데….

아무도 가서 보지는 못했지만, 우리에게는 이론이 있습니다. 슈바르츠실트 해를 산출하는 동일한 방정식들을 사용하면, 지평선에 접근할 때 어떤 일이 일어나는지 계산할 수 있습니다. 계산도 그리 어렵지 않아요. 저는 일반 상대성 이론을 가르칠 때 이 문제를 학생들에게 연습 문제로 내주곤 합니다. 하지만 처음에 누군가 이 계산을 수

행하는 것을 생각하고, 그것이 의미하는 바를 이해하는 데에는 시간이 꽤 걸렸습니다.

처음으로 이 일을 한 사람은 데이비드 핀켈스타인 David Finkelstein이었습니다. 1958년, 제가 두 살 때였죠. 핀켈스타인은 과학뿐만 아니라 정치, 예술, 음악에도 폭넓은 교양을 갖춘 과학자였습니다. 그는 깊고 대담한 사고를 할 수 있는 사람이었습니다. 그는 몇 년 전인 2016년에 우리 곁을 떠났습니다. 저는 그의 인생의 마지막 몇 년 동안 그를 만날 수 있는 행운을 누렸습니다. 예언자같이 긴 수염을 기른, 위엄과 소탈함을 모두 갖춘 사람이었죠. 사고의 새로운 전망을 여는 보기 드문 과학자 중 한 사람이었습니다. 이 이야기의 뒷부분에서 우리는 그를 다시 만나게 될 것입니다.

1958년 핀켈스타인은 사건의 지평선의 본질을

명확히 밝힌 아름다운 논문을 발표했습니다.[2] 제목은 〈점 입자 중력장의 과거-미래 비대칭성〉입니다. 뭔가 전문적 인 제목처럼 들리지만, 이 제목을 염두에 두세요. 이 제목 에 담긴 아이디어가 우리 이야기의 핵심이 될 테니까요. '과거-미래 비대칭성'.

핀켈스타인의 계산에 따르면, 우리가 지평선에 다가 가서 그곳을 넘어도 우리의 시계는 느려지지 **않으며** 주위 공간에도 이상한 일이 일어나지 **않습니다.** 배가 수평선을 넘어 시야에서 사라져도 배에는 별다른 일이 일어나지 않 는 것처럼 말이죠.

그렇다면 왜 슈바르츠실트 해에서 시계가 멈추는 것처럼 보였던 걸까요?

왜냐하면 슈바르츠실트 해는 지평선에서 일어나는 일을 설명하기는 하지만, **멀리서 봤을 때 어떻게 보이는지**

를 설명하기 때문입니다. 멀리서 보면, 시계는 지평선에 도달하면서 **실제로** 느려지고 멈추는 것처럼 보입니다. 그리고 이 두 관점 사이에는 모순이 없습니다.

이런 상상을 해봅시다. 우리가 세계여행을 하면서 매일 아버지에게 편지를 보내는데, 새로운 나라를 들를수록 우편 서비스가 점점 더 느려진다고 가정해봅시다. 우리는 편지를 전달하는 데 시간이 더 오래 걸리는 곳에 도착하기 때문에, 아버지가 편지를 받는 간격은 점점 더 길어질 것입니다. 처음에는 우리의 하루 소식을 듣는 데 하루가 걸리겠지만, 그다음에는 며칠이 걸리고, 그다음에는 몇 주가 걸리고…. 아버지에게는 마치 우리의 삶이 느려지는 것처럼 보일 것입니다.

그러다가 우리가 우편시설이 전혀 작동하지 않는 사막에 도착하면, 사막에 들어가기 직전에 보낸 편지가 아버지가 받는 마지막 편지가 될 것입니다. 게다가 그 편지는 보낸 지 아주 오랜 시간이 지나서야 도착하게 됩니다. **아버지에게는** 사막의 가장자리가 우리의 시간이 멈춘 곳입니다. 더 이상 우리를 볼 수 없는 지평선인 셈이죠. 아버지는 사막 가장자리에 얼어붙은 우리를 계속 보고 있는 것입니다.

블랙홀의 지평선을 넘을 때에도 비슷한 일이 일어납니다. 우리가 사건의 지평선을 향해 가는 모습을 아버지가 지켜본다면, 그는 우리 쪽의 시계가 점점 느려지는 것을 보게 될 겁니다. 우리가 지평선에 가까워질수록, 빛이 아버지에게 도달하는 데 더 오랜 시간이 걸리기 때문입니다. 빛은 중력에 붙들려 지평선 근처에 머물다가 떠납니다. 아버지가 우리를 계속 지켜본다면, 지평선 근처에서 우리 삶의 순간들이 점점 더 느려지다가, 결국 지평선을 넘기 전 마지막 순간에 멈춰 있는 것을 보게 될 것입니다.

사막이나 블랙홀의 지평선 안쪽에서 우리는 계속 정상적으로 살아가지만, 아버지는 아무리 기다려도 더 이상 우리에게서 아무것도 전달받지 못합니다.

요컨대, **지평선 너머 안쪽에 있는 사람에게는** 시간이 멈추지 않습니다. 이들을 멀리서 바라보는 사람에게만 지평선 근처에서 일어나는 일들이 엄청나게 느려지는 것으로 보입니다.

사막에 다가가면서 편지를 보낸다는 비유는 꽤 괜찮은 비유이지만, 사실 부분적으로만 들어맞습니다. 중요한 차이점이 있죠. 우리가 사막까지 가지 않고 다시 돌아가 아버지를 만난다면, 아버지를 본 이후로 지나간 시간은 우리와 아버지 모두에게 동일할 것입니다. 아버지가 한 살 더 먹었다면 우리도 한 살 더 먹은 것이죠.

블랙홀의 지평선 근처에서 일어나는 시간 왜곡은 이와 다릅니다. 그것은 진짜입니다. 우리가 지평선에 다가가 그 근처에 머물렀다가 돌아간다면, 아버지를 마지막으로 본 후 다시 만날 때까지 **우리 쪽에서** 경과한 시간은 아버지 쪽에서 경과한 시간보다 **더 짧을** 것입니다. 아버지는 우리보다 나이가 더 많이 들었을 것입니다.

**이것은 관점에 따른** 효과가 아니라, 중력으로 인한 실제 시간 왜곡입니다. 중력이 강한 곳은 중력이 약한 곳보다 시간이 더 느리게 흐르는 것이죠. 이것이 바로 시공간이 '휘어진다'는 말이 의미하는 바입니다. 실제로 시간은 장소에 따라 서로 다른 속도로 흐릅니다.

요컨대, 우리가 지평선에 가까워질수록 멀리서 우리를 바라보는 사람들이 우리가 슬로우 모션으로 움직이는 모습을 보게 된다는 의미에서 시간이 느려지지만, 만약 우리가 되돌아간다면 멀리 있는 사람들에게는 더 많은 시간이 지났을 것이라는 의미에서도 시간이 느려집니다. 그러나 다른 의미에서는 시간은 느려지지 않습니다. 지평선에 있는 우리는 시간이 느려지는 것을 느끼지 못합니다. 우리에게는 시간이 정상적으로 흐릅니다.

독자 여러분, 혹시 어느 쪽이 '진짜' 시간인지 묻고 싶으신가요? 지평선에 있는 쪽의 시간과 멀리서 바라보는 쪽의 시간 중? 정답은 둘 다 아니라는 것입니다. 아인슈 타인의 혁명은 바로 이 질문이 무의미하다는 깨달음이었 습니다. 이 질문은 지구상의 어느 지역이 정말로 '위'이고 어느 지역이 '아래'인지 묻는 것과 같습니다. 각 지역마다 각자의 위와 아래가 있습니다. 지구상의 모든 장소는 각 각 다른 '위'와 '아래'를 결정하는 것입니다. 서로 다른 관 점을 갖게 되는 것이죠. 마찬가지로 우주의 모든 장소에 는 각자 고유한 시간이 있습니다. 서로 다른 장소에서 서 로에게 신호를 보낼 수 있지만 (블랙홀이 우리 은하 중심에서 우리에게 보내는 휘파람처럼 말이죠.) 시간은 장소마다 다르게 흐르며, 그중 어떤 시간도 다른 시간보다 더 '진짜' 시간 은 아닙니다.

따라서 지평선 근처에서 시간이 느려지는 것은, 서로 다른 장소에서 시간이 흐르는 방식들 사이의 **관계**와 관련 이 있습니다. 지평선에서 시간이 멈추는 것은 멀리 떨어 진 관찰자의 시간과 관계해서만 그런 것입니다.

세계는 시간들 사이의 이러한 **관계들**로 짜여 있습니다. 보편적인 시간은 없습니다. 실재는 수많은 현지 시간들이 신호를 주고받으며 엮어낸 네트워크입니다. 가까이서 보면 지평선은 평범한 장소입니다. 멀리서 보면 시간이 멈춘 곳이고요.

데이비드 핀켈스타인이 이해한 것은 바로 이 점이었습니다.

핀켈스타인은 르네상스 시대 원근법의 대가인 알브레히트 뒤러Albrecht Dürer의 유명한 판화에 대한 논문을 썼습니다. 〈멜랑콜리아 I〉이라는 제목의 이 판화는 상징으로 가득 찬 복잡한 작품입니다.

블랙홀의 지평선을 최초로 이해한 사람이 뛰어난 전문 능력을 지닌 저명한 수학자가 아니라, 르네상스 시대의 원근법과 뒤러에 대해 글을 쓸 수 있는 사람이었다는

것은 우연이 아니라고 생각합니다.

　회화에서 원근법은 르네상스 시대에 발견됩니다. 실재에 대한 우리의 접근이 모두 원근법적일 수밖에 없다는 것도 르네상스 시대에 발견됩니다. 이 판화의 애매함은 관점들 사이의 애매함을 반영하고 나타냅니다. 핀켈스타인의 해석에 따르면, 이 작품에서 뒤러는 절대적 진리와 아름다움에 도달하려고 헛되이 애쓰는 이들의 우울함을 표현합니다. 우리가 접근할 수 있는 모든 것이 관점적인 것이라면, 우리는 보편적이고 절대적인 진리에 도달할 수 없습니다. (핀켈스타인이 해석한 뒤러에게서) 절대적인 것에 접근할 수 없다는 불가능성은 우리가 품은 '멜랑콜리melancholy'의 근원입니다.

(저에게는 그렇지 않습니다. 오히려 그것은 달콤한 현기증의 근원인 것 같습니다. 가벼움에서 오는 현기증, 우리가 속한 옅은 현실의 비실체성에서 오는 현기증…)


4.


우리는 이제 곧 지평선을 넘어 블랙홀을 안쪽에서 관찰하려고 합니다. 그러나 들어가기 전에 한군데만 더 들르도록 하겠습니다. (원하시면 언제든지 건너뛰셔도 됩니다.)

우리는 이제 겨우 지평선 **가까이에** 왔을 뿐, 아직 들어가지는 않았습니다. 그러나 우리는 이미 시간의 상대성이라는 당혹스러운 문제에 맞닥뜨렸습니다. 시간의 상대성은 이미 확립된 사실이지만, 우리의 여정에서 소화하기 어려운, 어쩌면 가장 어려운 개념일 것입니다.

단테 역시 지옥의 문턱에 들어서기도 전에 가장 큰 난관(세 마리의 야수)에 부딪칩니다. 여느 나그네와 마찬가지로 그는 첫 걸음이 가장 어렵다는 것을 알고 있었습니다. 익숙한 길에서 벗어나는 것이니까요.

시간의 상대성과 같은 기이한 아이디어는 어떻게 생겨나고 받아들여지게 되었을까요?

이와 같은 개념적 도약은 현대 과학에만 국한된 일이 아닙니다. 오히려 그것은 항상 세계에 대한 '앎의 성장'을 촉진해온 깊은 흐름을 형성하고 있었습니다. 우리는 그렇게 배워왔습니다. 당연해 보였던 기본 아이디어를 바꾸면서 말입니다.

우리는 (2천 년 전에) 지구가 둥글다는 것을 알아냈고, (5천 년 전에) 지구가 움직인다는 것을 알아냈습니다. 언뜻 보기에 이것은 터무니없는 생각입니다. 지구는 평평하고 움직이지 않는 것처럼 보이니까요. 이러한 생각을 소화하는 일에서 진짜 어려움은 새로운 아이디어 자체가 아니라, 당연해 보이는 오래된 믿음에서 벗어나는 것이었습니다. 그런 믿음에 의문을 제기하는 것은 상상할 수 없는 일처럼 보였습니다. 우리는 항상 우리의 자연스러운 직관이 옳다고 확신하니까요. 이것이 우리의 배움을 방해하는 것이죠.

그렇다면 진짜 어려움은 배우는 데에 있는 것이 아니라, 배움에서 벗어나는 데에 있는 것입니다. 갈릴레오의 위대한 저서인 《두 우주 체계에 관한 대화Diologue Concerning the Two Chief World System》에서 대부분의 페이지는 지구가 돈다는 주장을 펴는 데 할애되지 않습니다. 이 책은 지구가 돈다는 것을 상상할 수 없다는 뿌리 깊은 직관을 무너뜨리는 데 전념하고 있습니다.

시간의 상대성에 도달하기까지는 26세기에 걸친 개념적 도약이 필요했습니다. 여기에 간단히 2천 500년 동안의 생각을 아주 빠르게 조감해보겠습니다.

1. 먼저 아낙시만드로스(기원전 6세기)입니다. 그는 태양, 달, 별이 우리 주위를 돌고 있다면 지구 아래에도 빈 공간이 있어야 한다고 추론합니다. **따라서 지구는 공중에 떠 있는 것입니다.**

2. 아리스토텔레스(기원전 4세기)는 월식 때 달의 원반이 지구 그림자의 원반보다 약간 작다는 사실을 관찰했습니다. 따라서 **달은** 지구보다 약간 작을 뿐인 **커다란 천체입니다.**

3. 아리스타르코스(기원전 3세기)는 상현달일 때 지구에서 본 태양과 달 사이의 각도(그림의 $a$)가 거의 직각이라고 말합니다(다음 상현달 때에 측정해보세요. 쉽습니다.). 따라서 태양-지구-달 삼각형의 두 각은 거의 직각입니다. (달의 절반이 밝은 상현달일 때.)

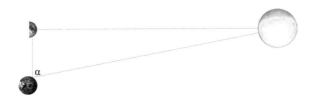

    삼각형의 두 각이 거의 직각이면 꼭짓점 하나가 아주 멀리 떨어져 있게 됩니다. 따라서 태양은 달보다 **훨씬 더** 멀리 떨어져 있습니다. 그러나 태양과 달은 하늘에서 크기가 같아 보이므로, 태양은 달보다 **훨씬 더** 커야 합니다. 따라서 **태양은 거대하며 지구보다 훨씬 더 크다**는 결론이 나옵니다! 그렇다면 (23세기 전에 아리스타르코스가 주장했듯이) 작은 지구가 거대한 태양 주위를 도는 것이지 그 반대가 아니라고 생각하는 것이 합리적입니다.

4. 이러한 사고방식이 행성의 움직임을 설명하는 데 효과적이라는 것을 보이기 위해서는 코페르니쿠스(16세기)와 케플러(17세기)의 등장을 기다려야 했습

니다. 그러나 우리의 직관과 달리 실제로 **지구가 움직인다**는 사실을 인류에게 확신시키기 위해서는, 《대화Dialogue》에서 보여준 갈릴레오(17세기)의 설득력 있는 수사적 힘이 필요했습니다.

5. 케플러, 갈릴레오의 연구 결과를 바탕으로 위대한 과학자 뉴턴(17세기)은 근대 물리학을 구축했습니다. 그는 지구와 다른 행성들을 궤도에 유지시키는 것이 무엇인지 궁금해했습니다. 그는 모든 물체가 **유클리드의 기하학으로 기술되는 물리적 공간(뉴턴 자신의 생각)에서** 일정한 속도(갈릴레오의 생각)로 '자연적' 운동(아리스토텔레스의 생각)을 하지만, '힘'에 의해 굴절된다고 상상합니다. 그는 탁월한 수학적 능력으로 **행성과 달을 궤도에 유지시키는 힘이 우리를 아래로 끌어당기는 '중력'과 동일하다**는 것을 보여줍니다. 원거리에서 작용하는 '힘'이라는 아이디어는 뉴턴의 천재적인 발상이었습니다. 충돌하는 물체

들 외에 또 다른 무언가가 존재한다는 것을 일찍이 통찰했던 것입니다.

6. 패러데이와 맥스웰(19세기)은 전기력과 자기력을 연구하면서 힘은 즉각적으로 작용하지 않는다는 사실을 알아냅니다. 원인과 결과 사이에는 시간 차가 있습니다. 빛이 이동하는 데 시간이 걸리는 것이죠. 그런데 빛은 빠르고 걸리는 시간은 짧아, 뉴턴의 말이 거의 맞았고, 결과는 **거의** 즉각적으로 나타납니다. 하지만 정확히 그렇지는 않습니다. **공간에 펴져 있는 '무언가'가 점차적으로 한 물체에서 다른 물체로 힘을 전달합니다.** 패러데이가 직관한 이 '무언가'를 우리는 '물리적 장'이라고 부릅니다. 전기장, 자기장, 중력장이 힘을 실어 나르는 것입니다. 맥스웰은 전기장과 자기장에 대한 방정식을 씁니다.

7. 아인슈타인(20세기)은 중력장에 대한 방정식(슈바르

츠실트가 해를 구한 방정식)을 찾던 중 놀라운 발견을
합니다. 지구가 아무것에도 떠받쳐지지 않고 공중
에 떠 있다는 사실을 아낙시만드로스가 깨달은 이
후 가장 놀라운 발견입니다. 그것은 자와 시계로 측
정되는 **공간과 시간의 기하학**이 바로 이 **중력장에 의
해 결정된다**는 것이었습니다. 그러므로 중력장에 대
한 방정식은 공간과 시간이 어떻게 휘어지는지 기
술합니다. 그래서 **중력이란 물체의 영향으로 시간과
공간이 휘어지는 것 바로 그것입니다.** 공간이 휘어지
면 시간도 서로에 대해 느려지는 일이 일어납니다.
앞에서 나온 시간의 왜곡은 바로 이런 식으로 일어
났던 것입니다.

지구의 질량은 그 주변의 시간을 느려지게 만
듭니다. 느려지는 정도는 작지만 아주 정밀한 시계
로는 측정할 수 있습니다. 그 가장 현저한 효과는
우리가 익히 알고 있는 중력, 즉 무거운 물체가 아
래로 떨어지는 현상입니다. 이것은 시간 느려짐의

직접적인 결과입니다. 이를 자세히 설명하려면 약간의 수학이 필요합니다만, **돌이 떨어지는 것은, 국지적인 시간 느려짐으로 인해 휘어진 시공간에서 직선 궤적을 따라가기 때문입니다.**

(중력이 공간과 시간의 휘어짐의 효과라는) 이 놀라운 아이디어가 아인슈타인의 일반 상대성 이론입니다. (아낙시만드로스의 아이디어처럼) 매우 단순하면서도 당혹스러운 이 이론은 우리에게 자명해 보이는 믿음에 도전합니다. 물리적 공간의 기하학은 우리가 학교에서 배운 유클리드 기하학이어야 하고, 시간은 모든 곳에서 똑같이 흐른다는 믿음 말입니다.

여담 끝.[3]

# 5.

우리는 지평선의 문턱에 와 있습니다. 이제 이 문턱을 넘어갑시다. 핀켈스타인 덕분에 우리는 여기가 세상의 끝이라는 두려움이 없습니다. "여기에 들어오는 자여, 모든 희망을 버려라."**4**와 같은 암울한 조언이 지나친 위협이었던 것으로 판명된 적이 이번이 처음은 아닙니다.

그러니 미지의 세계로 몸을 던지는 이들처럼 용기 있게 들어가봅시다. 오디세우스의 목소리가 귓가에 들립니다.

"태양의 뒤를 따라 사람 없는 세계를 경험할 기회를 놓치지 마라. 너희의 천성을 생각해보라. 너희는 짐승처럼 살도록 만들어진 것이 아니라, 덕과 지식을 좇도록 만들어졌으니."**5**

오디세우스의 동료들처럼, "우리는 미친 듯이 퍼덕이는 날개처럼 노를 저어갑니다."**6**

우리는 이제 블랙홀 안에, "비밀스러운 것들 속으로

들어섰습니다."[7]

　좋은 별 지도가 있다면 우리는 이미 문턱을 넘어, 집으로 소식을 전하기에는 너무 늦었다는 것을 알 수 있을 것입니다. 여기서 멈추고 되돌아가기에는 늦었습니다. 지평선 너머에서는 빛조차 빠져나갈 수 없으니 하물며 우리야 더더욱 돌아갈 수 없습니다. 로켓이 아무리 강력해도, 이제는 중심을 향해 떨어지는 것을 피할 길이 없습니다.

　다시 나오려면 "다른 길로 가야 할 것입니다."[8]

　조금만 주의를 기울이면, 주위를 둘러보기만 해도 우리가 블랙홀 안에 있다는 것을 알 수 있습니다. 여기서도 공간은 지평선 외부 주위에 있을 때와 마찬가지로 구형입니다. 그러나 외부에서는 충분히 강력한 로켓을 사용하면 더 큰 구형의 공간을 향해 (위쪽으로) 이동할 수 있습니다. 반면, 여기 안쪽에서는 우리가 무엇을 하든 우리는 점점 더 작은 구형 속에 있게 될 것입니다. 우리를 아래로 끌어당기는 중력이 너무 강해서 하강하는 것을 막을 수 있는 방법이 없습니다.

그러니까 지옥의 원 안에 있는 단테와 베르길리우스처럼 우리도 내려가는 것입니다.

블랙홀 내부 공간, "저 아래 눈먼 세계"[9]의 기하학적 구조는 단테의 지옥과 정말로 흡사합니다. 깔때기를 생각해보세요. 아주 긴 깔때기. 블랙홀의 내부를 이 깔때기처럼 상상할 수 있습니다.[10] 블랙홀이 오래되었을수록 내부가 더 깁니다. 아주 오래된 블랙홀의 내부 길이는 수백만 광년에 달할 수도 있습니다. 여기 있는 그림을 통해, 주어진 순간에 블랙홀의 내부를 생각해봅시다.[11]

거대하기는 하지만, 깔때기의 길이는 무한하지 않습

니다. 맨 아래에는 스스로 붕괴되어 블랙홀을 만들어낸 별이 여전히 있습니다.

　우리가 아는 한 항상 같은 상태를 유지하는 단테의 지옥과는 달리, 여기 이 깔때기는 시간이 지날수록 **길어지고 좁아집니다.**

　이 사실을 설명하기 위해, 일련의 깔때기들을 그려보겠습니다. 각 깔때기는 연속적인 순간순간 블랙홀 내부를 나타냅니다. 물리학자들의 관행에 따라, 그림은 아래에서 위로 올라가는 순서로 시간의 흐름을 나타냅니다. (왜 이런 식으로들 하는지 모르겠습니다만, 아마도 가장 오래된 지층이 더 아래에 있어서 과거를 아래쪽에 그리는 지질학자들을 본뜬 것 같습니다.) 따라서 그림은 아래에서 위로 읽어야 합니다. 위로 올라갈수록 길어지고 좁아지는 것이죠.

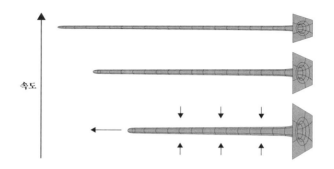

블랙홀 속으로 내려가면, 매 순간 우리는 이 깔때기의 한 지점에서 점점 더 아래로 내려가게 됩니다. 이렇게요.

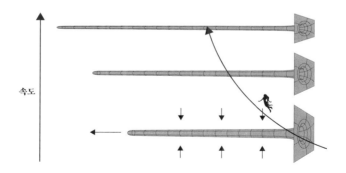

블랙홀 내부 공간의 형태는 이렇습니다. 우리가 추락할수록 ("어둡고 깊고 안개처럼 자욱한"[12]) 끝없는 구멍이 우리 주위를 조여옵니다. 그러나 우리는 블랙홀을 만들어낸 별이 있는 바닥에 닿지 못합니다.

블랙홀을 보러 갔다가 돌아온 사람이 아직 아무도 없는데, 우리는 어떻게 이 모든 것을 알 수 있는 걸까요? 아인슈타인의 방정식이 블랙홀의 내부를 알려주기 때문이죠. 이 방정식을 의심할 만한 일이 일어나지 않는 한, 이 방정식을 믿지 않을 이유가 없습니다. 그 놀랍고도 예상치 못한 예측들이 지금까지 모두 옳은 것으로 판명되었거든요.

이 방정식은 우리의 좋은 길잡이가 됩니다. ("길잡이, 주인, 스승이신"[13]) 단테의 베르길리우스처럼 이 방정식들은 우리에게 멀리 더 멀리 장막으로 가려진 세계로 내려가는 길을 안내해줍니다.

6.

그러나 조만간 이 최고의 길잡이로도 충분치 않게 됩니다. 길잡이를 따를 수 없게 되는 일은 항상 일어납니다. 중국 선불교의 위대한 선사 중 한 명인 임제의현臨濟義玄은 "부처를 만나면 부처를 죽여라."라고 말했죠.[14]

우리가 떨어지고 있는 깊은 곳에는 시공간 왜곡이 극도로 심해지는 영역이 있습니다. 여기서는 극한 조건에서 항상 발생하는 양자 효과가 개입할 것으로 예상됩니다. 아인슈타인의 방정식은 이러한 현상을 고려하지 않고 무시합니다. 그래서 이러한 영역에서는 이 방정식이 더 이상 적용되지 않습니다. 길잡이가 없어진 것이죠.

실제로 아인슈타인의 방정식은 어느 시점에서 더 이상 잘 들어맞지 않습니다. 방정식을 계속 사용하면 엉망으로 작동하기 때문입니다. 그 방정식은 기하학적 구조가 무한한 왜곡에 도달한다고 예측하지만 여기서는 더 이상 작동하지 않습니다. 방정식의 변수 값이 무한대가 되어,

더 이상 어떻게 할 수가 없게 되는 것이죠. 우리의 안전한 길잡이였던 아인슈타인의 이론은 더 이상 우리에게 도움이 되지 않습니다. 이러한 영역(뾰족한 점, 뾰족한 끝, 접힌 부분)을 '특이점'이라고 합니다.

하지만 악마는 디테일에 있죠. 방정식이 어디에서 작동을 멈추는지 살펴봅시다. 주의하세요. 이 세부 사항이 가장 큰 혼란을 일으키는 부분이거든요. 많은 사람이 혼란스러워하는데, 심지어 최고의 과학자들 중에서도 그런 사람이 있습니다. 할과 제가 교착상태를 타개할 수 있었던 것은 바로 이 세부 사항을 명확히 이해했기 때문입니다.

**깔때기 바닥**, 즉 블랙홀 중심의 하단, 블랙홀을 만들어 낸 별이 있는 공간에서는 이상한 일이 일어나겠다고 생각하는 것이 자연스러워 보일 수도 있습니다.

그러나 사실 그렇지 않습니다. 깔때기의 중심에는 떨어지고 있는 별밖에 없습니다. 특이점 영역은 없습니다. 거기에서는 방정식이 여전히 작동합니다.

하지만 어떻게? 아주 오래된 블랙홀에 들어가면, 별은 이미 오래전에 추락을 끝내지 않았을까요? 붕괴한 지 오래되지 않았나요? 붕괴하는 별은 아주 짧은 시간 안에 으스러져 한 점으로 압축됩니다. 그렇다면 어떻게 오랜 시간이 지난 후에도 여전히 거기에 있고, 여전히 추락하는 과정에 있을 수 있는 걸까요?

시간…. 시간이 항상 문제의 핵심입니다. 한 사람에게 '오랜 시간'이 다른 사람에게도 '오랜 시간'을 의미하지는 않습니다. 우리에게 '오랜 시간'은 별에게 '오랜 시간'을 의미하지 않습니다. 저 아래 밑바닥에서는 시간이 엄청나게 느려졌습니다. 밖에서는 수백만 년이 지났더라도, 저 아래에서는 그저 몇 분의 1초밖에 지나지 않았을지도 몰라요. 별은 길어지면서 가늘어지고 있는 긴 깔때기의 바닥으로 여전히 떨어지고 있는데,**15 별의** 시간은 몇 분의

1초밖에 지나지 않았기 때문입니다. 왜곡이 무한대가 되는 영역, 아인슈타인의 방정식이 작동하지 않는 영역, 신기한 영역은 그곳에 없습니다!

그것은 **미래에** 있습니다. 그림에서 나타낸 시기 **이후에** 일어나는 일들 안에 있습니다. 다음 그림의 진하게 표시된 영역에 있죠.

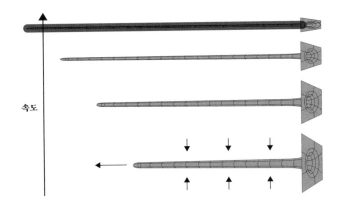

깔때기의 직경이 작아질수록, 두루마리를 점점 더 팽팽하게 말 때처럼, 원통이 더 빠르게 굽어들며 좁아집니

다. 깔때기가 좁아질수록 시공간 왜곡이 심해지죠. 이것이 시간과 공간이 양자 현상의 영향을 받을 것으로 예상되는 규모인 '플랑크 스케일Planck scale'에[16] 도달하면, 우리는 아인슈타인의 방정식을 위반하는 양자 현상의 영역에 진입하게 됩니다.[17] 그림(66쪽)의 진하게 표시된 영역입니다.

이러한 현상을 무시하고 아인슈타인의 이론에 계속 기대면, 방정식은 공간이 계속 짓눌려 파국에 이를 것이라고 예측합니다. 가늘고 긴 튜브가 점점 더 가늘어지다가 결국 한 줄로 짓이겨지는 (그리고 우리도 뭉개지는) 것이죠.

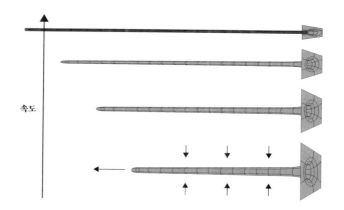

그다음은 어떻게 되냐고요? 그게 다입니다. 공간은 뭉개지고 시간은 끝납니다. 막다른 벽이죠. 아인슈타인의 이론으로만 따져보면, 시간은 여기서 끝납니다.

그래서 특이점의 영역, 즉 양자 영역은 **미래에** 있는 것이고, 거기서는 튜브가 선으로 압착되며 무한히 길어집니다. 특이점은 블랙홀이라는 공의 **중심에** 있는 것이 아닙니다. 안타깝게도 많은 사람들이 계속 그렇게 생각하고 있지만요. 거기에는 계속 떨어지고 있는 별만 있습니다. 이러한 오해 때문에 블랙홀의 운명에 대한 혼동이 일어납니다.

다시 말해, 블랙홀에서 어떤 일이 일어나는지 이해하려면, 블랙홀을 '**중심에** 특이점이 있는 고정된 원뿔'처럼 생각해서는 안 됩니다. 우리는 그것을 블랙홀을 발생시킨 별이 바닥에 있는 긴 튜브로 생각해야 합니다. 이 튜브는 점점 길어지면서 좁아지고, **미래에는** 한 줄로 쪼그라듭니다. 특이점은 **중심에** 있는 것이 아닙니다. **이후에** 있습니다. 이것이 이야기의 핵심입니다.

블랙홀에 빠지면 거기서 우리는 끝납니다. 그곳은 "가장 깊고 가장 어두우며, 모든 것을 둘러싸고 있는 천국에서 가장 먼 곳"[18] 입니다.

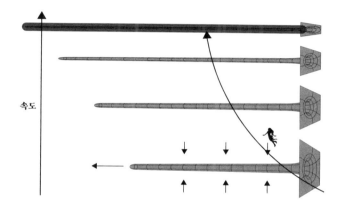

이로써 우리는 양자 영역에 도달했습니다. 이제 어떻게 될까요?

물리학에서 가장 아름다운 방정식인 아인슈타인의 방정식은 과학자로서의 내 삶에 동반자였지만, 이제는 더 이상 길잡이가 될 수 없습니다. 이제 우리에게는 안내자가 없습니다.

"베르길리우스는 우리를 떠나 물러가셨네, 더없이 인자한 아버지 베르길리우스, 나의 구원을 위해 나를 맡겼던 베르길리우스."[19]

이제 어떻게 되냐고요? 그게 바로 그날 오후 마르세유에서 할과 제가 논의하고 있던 내용입니다.

## 7.

더 이상 스승에게 기댈 수 없을 때 어떻게 해야 할까요? 별이 없는 항해가 어쩌면 더 멋질지도 모르지만, 그러나 아직 모르는 새로운 것은 어떻게 배울 수 있을까요?

새로운 것을 배우려면 직접 가서 보면 됩니다. 언덕 너머로 가는 겁니다. 그래서 젊은이들이 집을 떠나 여행을 하는 것이죠. 아니면 누군가 우리를 대신해 그곳에 갈 수도 있습니다. 그리고 그들이 배운 것은 이야기, 학교 수

업, 위키피디아 항목, 책을 통해 우리에게 전달됩니다. 아리스토텔레스와 테오프라스토스는 레스보스 섬으로 가서 물고기와 연체동물, 새, 동식물을 꼼꼼하게 관찰하고 이 모든 것을 책에 기록하여 생물학의 세계를 열었지요.

더 멀리 보고자 한다면, 도구가 있습니다. 갈릴레오는 망원경을 하늘을 향해 들어 올려 인간이 상상도 못 했던 것들을 보았고, 끝없는 천문학의 세계를 우리 눈앞에 펼쳐 보였습니다. 물리학자들은 원소의 스펙트럼을 분석하고 원자에 대한 데이터를 수집하여 양자 세계로 가는 문을 열었습니다. 수많은 새로운 지식의 근간에는 정확한 관찰이 있는 것이죠. 하지만 블랙홀에서 빛이 빠져나오지 않는다면, 우리는 블랙홀의 바닥에 다다를 수도, 바닥의 무언가를 관찰할 수도 없습니다.

그러나 몸으로 여행할 수 없다고 해도, 정신으로는 여행할 수 있습니다. 사물을 다르게 볼 수 있도록, 관점을 바꾸는 **상상**을 해보세요.

앞에서 우리는 시간의 상대성에 도달하기까지 26세

기의 과학사를 빠르게 훑어봤습니다(51~56쪽). 그 목록의 첫 번째 인물인 아낙시만드로스는 고대 세계에서 최초로 지도를 그린 사람입니다. 지도는 우리가 독수리보다 더 높이 난다면 볼 수 있을 광활한 지역을 그림으로 그린 것입니다. 수천 년에 걸친 문명, 여행, 무역의 역사에서 그때까지 아무도 이를 생각하지 못했습니다. 그것은 쉬운 도약이 아니었습니다. 우리는 지구를 가까이서 보는 것에 익숙합니다. 누가 그렇게 높은 곳에서 지구를 본 적이 있었겠습니까? 독수리가 되어보는 것, 아주 높은 곳에서는 어떻게 보일지 궁금해하는 것, 이것이 바로 관점을 바꾸는 것입니다. 아낙시만드로스는 그렇게 할 수 있는 상상력을 지니고 있었습니다. 엄청나게 높은 곳에서 보면 지구가 어떤 모습일지 궁금해할 만큼 상상력이 풍부했습니다. 그래서 그는 암스트롱과 콜린스가 달에서 보게 될 지구의 모습을 추측한 최초의 사람이 되었습니다.

고대 가장 위대한 천문학자는 히파르코스였습니다. 그의 업적 중 하나는 정신을 통해 다른 곳을 여행하는 일의 효력을 멋지게 보여줍니다. 그것은 달까지의 거리를 계산하는 일이었습니다. 다음 그림(이 비율보다 태양은 훨씬 더 멀리 있고 훨씬 더 큽니다.)과 설명에 요약되어 있습니다.

히파르코스의 세련된 기하학적 논증의 첫 번째 단계는 '지구 그림자 원뿔의 끝으로 가면 무엇을 볼 수 있을까?' 하는 질문입니다. 여러분이 지구로부터 수천 마일 떨어진 우주 공간에서 지구가 태양을 가린 것을 바라보고 있다고 상상해보세요. 정신의 눈으로 보는 겁니다.

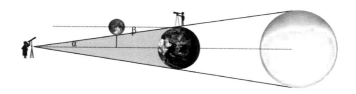

히파르쿠스는 지구의 그림자로 만들어진 원뿔의 끝까지 날아가서 뒤를 돌아보는 상상을 합니다. 거기서 보면 지구가 정확히 태양을 가리고 있습니다. 따라서 각도 $\alpha$는 태양이 보이는 각도의 절반입니다. 각도 $\beta$는 달이 보이는 각도의 절반입니다. 해와 달은 하늘에서 크기가 똑같아 보이므로 $\alpha = \beta$입니다. 유클리드 기하학에 따라 그림의 두 점선은 평행하며, 그림은 달의 반지름과 (달이 있는 곳의) 그림자의 반지름을 더한 값이 지구 반지름의 길이와 같다는 것을 보여줍니다. 일식을 관찰하면 그림자 원반의 반지름이 달 반지름의 2.5배임을 알 수 있으므로, 지구 반지름은 달 반지름의 3.5배가 됩니다. 지름 1cm 동전을 눈에서 110cm 떨어진 곳에 대면 달을 덮을 수 있으므로(해 보세요!) 달까지 거리는 지름의 110배입니다. 따라서 달까지 거리는 110을 3.5로 나눈 값, 즉 지구 지름의 약 30배입니다. 정확해요! 정말 멋집니다. 누구라도 집 마당에서 맨눈으로 간단히 관찰하기만 하면 확인할 수 있습니다!

코페르니쿠스는 태양 위에서 보고 있듯이 태양계를 바라봅니다. 케플러는 어머니의 빗자루를 타고 날아다닙니다. 아인슈타인은 빛에 올라타면 어떻게 보일지 궁금해하죠…. 우리도 일상적인 경험에서 아주 먼 상황에 우리 자신을 투사하여, 모든 것을 다른 관점에서 바라본다고 상상해봅시다. 우리가 블랙홀에 들어가면 어떤 모습이 보일지 생각하면서⋯.

하지만 어떻게 정신의 눈으로 '가서 볼' 수 있는 걸까요? 아낙시만드로스는 독수리와 함께 날아오르지 **않았고**, 케플러는 빗자루를 타고 날지 **않았으며**(네, 확실히 아니겠죠.), 아인슈타인도 빛에 올라타지는 **않았는데**⋯. 갈 수 없는 곳을 어떻게 가서 볼까요?

　저는 절묘한 균형을 찾는 것이 답이라고 생각합니다. 얼마나 가져갈지, 얼마나 집에 두고 갈지 사이의 균형. 얼마나 가져가느냐에 따라 무엇을 기대할지 알 수 있습니다. 블랙홀에 들어가기 위해 우리는 아인슈타인의 방정식을 썼습니다. 그 방정식은 블랙홀의 기하학적 구조를 예측했죠. 아인슈타인은 맥스웰의 방정식을 사용했습니다. 케플러는 코페르니쿠스의 책을 이용했고요. 이것들은 잘 작동했기에 신뢰할 수 있는 지도, 규칙, 일반성입니다.

그런 동시에 우리는 무언가를 집에 남겨두어야 한다는 것을 알고 있습니다. 아낙시만드로스는 모든 것이 평행하게 낙하한다는 생각을 두고 떠납니다. 아인슈타인은 모든 시계가 똑같이 간다는 생각을 두고 떠났습니다. 집에 너무 많은 것을 두고 가면 앞으로 나아가는 데 쓸 도구가 부족하지만, 너무 많은 것을 가져가면 새로운 이해의 길을 찾지 못합니다. 비결 같은 건 없습니다. 시행착오만 있을 뿐. **"시도하고 또 시도하는 것."**[20] 그게 우리가 하는 일입니다. "오랜 공부와 큰 사랑."[21]

우리는 우리가 알고 있는 것을 다양한 방식으로 결합하고 재조합하여 무언가를 명확하게 설명할 수 있는 조합을 찾습니다. 방해가 된다면, 이전에는 꼭 필요해 보였던 부분을 제외하기도 합니다. 우리는 신중하게 위험을 감수합니다. 지식의 가장자리를 왔다 갔다 합니다. 우리는 거기에 익숙해지고, 오랜 시간 동안 드나들며 틈새를 찾습니다. 새로운 개념과 새로운 조합을 시도합니다.

우리의 새로운 개념은 기존 개념에서 가져와 재조정하고 수정한 것입니다. 우리는 늘 유추로 생각합니다. 뉴턴의 '힘'은 밀고 당기는 일상적인 경험에서 빌려온 것입니다. 패러데이의 '전기장'과 '자기장'은 농부들에게서 훔쳐 와 공간으로 확장한 것이죠. 아인슈타인은 시간이 때로는 느리게, 때로는 빠르게 흐른다는 것을 깨달았지만, 우리는 이미 경험을 통해 알고 있지 않았나요?

서양은 유추적 사고의 창의성을 효과적으로 활용하여 세대를 거듭하며 새로운 개념을 구축하고, 오늘날 세계 문명에 웅장한 과학적 사고를 물려줄 수 있었습니다. 그러나 사고가 삼단논법이 아니라 유추를 통해 성장한다는 사실을 가장 먼저, 그리고 가장 분명하게 인식한 것은 동양이었습니다. 유추에 기반한 논증의 논리는 일찍이 묵가墨家 학파가 분석하였고, 인류의 가장 위대한 책 중 하나인 《장자莊子》에도 들어 있습니다. 과학적 사고는 논리적, 수학적 엄밀함을 잘 활용하지만, 이는 과학을 성공으로 이끈 두 다리 중 하나일 뿐입니다. 다른 하나는 개념 구조의 계속적인 진화를 통해 발휘되는 창의성이며, 이는 유추와 재조합을 통해 성장합니다.

전자기장은 밀밭이 아니고, 아인슈타인의 시간 느림도 지루함 때문은 아니며, 뉴턴의 힘에도 밀고 당기는 사람은 없습니다. 하지만 유추는 명백합니다. 유추란 개념의 한 측면을 취해 다른 맥락에서 재사용하면서 그 의미중 일부는 유지하고 다른 일부는 버려서, 새로운 조합이 새롭고 효과적인 의미를 만들어낼 수 있도록 하는 것입니다. 최고의 과학은 이런 방식으로 작동합니다.

이것은 또한 최고의 예술이 작동하는 방식이기도 합니다. 과학과 예술은 우리가 의미라고 부르는 개념적 공간을 지속적으로 재구성하는 일입니다. 예술은 예술 작품에 있는 것이 아니며, 어떤 신비한 영적 세계에 있는 것은 더더욱 아닙니다. 그것은 우리 뇌의 복잡성에, 즉 뉴런이 대상에 반응하여 우리가 의미라고 부르는 것을 엮어내는 유추적 관계의 변화무쌍한 네트워크에 있는 것입니다. 우리는 거기에 참여합니다. 이것은 우리가 습관적인 몽롱

함에서 벗어나게 하고, 세계 속에서 새로운 것을 보는 기쁨을 되살려주기 때문입니다. 과학이 주는 기쁨도 마찬가지입니다. 얀 페르메이르Jan Vermeer 그림 속의 빛은 우리가 미처 파악하지 못했던 빛의 공명을 보여줍니다. 사포Sappho의 시 한 편이 ("사랑은 달콤쌉싸름하여라.") 열어 보인 세계는 욕망에 대해 다시 생각하는 법을 알려줍니다. 애니시 커푸어Anish Kapoor 조각의 검은 공허는 일반 상대성이론의 블랙홀처럼 우리를 혼란스럽게 합니다. 후자와 마찬가지로, 그것은 만지거나 느낄 수 없는 현실의 구조를 개념화하는 다른 방법이 있음을 시사합니다.

　　관찰과 이해 사이의 길은 멀 수도 있습니다. 지식의 큰 도약이 **새로운** 관찰 없이 오로지 두뇌의 활용만으로 이루어진 경우도 많습니다. 코페르니쿠스와 아인슈타인과 같은 과학의 거인들은 이미 알려져 있던 관찰을 바탕으로 획기적인 결과를 얻었습니다. 코페르니쿠스의 경우에는 천 년이 넘도록 알려져 있었죠. 우리가 이미 알고 있는 것에서 앞뒤가 맞지 않는 세부 사항들을 찾아내면 새로운 사실을 발견할 수도 있습니다. 붙들지 못하는 고리, 더 이상 합이 맞지 않는 주사위의 계산(여기에 돌파구가 있을까요?), 마침내 우리를 진실의 한가운데로 이끄는 풀리는 실타래,[22] 다시 생각하는 방법을 시사하는 단서.

생각의 구조를 바꿀 수 있는 능력 덕분에 우리는 앞으로 도약할 수 있습니다. 코페르니쿠스가 한 일을 생각해보세요. 코페르니쿠스 이전에 세상은 두 개의 커다란 영역, 즉 지상계(산, 사람, 빗방울 등)와 천상계(해, 달, 별 등)로 나뉘어 있었습니다. 지상의 물체들은 낙하하고, 천상의 물체들은 궤도를 돕니다. 지상의 것은 썩지만 천상의 것은 영원하죠. 이는 너무도 당연한 것이어서 세계를 조직하는 또 다른 방식을 제안하는 데는 엄청난 용기가 필요합니다. 코페르니쿠스가 그랬습니다. 그의 우주는 다른 방식으로 나뉩니다. 태양은 그 자체로 한 부류입니다. 행성들은 모두 같은 부류에 속하며, 지구는 그중 하나일 뿐입니다. 그래서 지구에 있는 모든 것, 산, 사람, 빗방울도 하늘의 작은 점인 금성과 화성과 같은 부류에 속합니다.

달은… 음, 그 자체로 또 다른 부류입니다. 모든 것이 태양 주위를 돌지만 달은 지구 주위를 도니까요.

사물의 질서를 바꾸는 것은 쉽지 않지만, 그래도 과학이 가장 잘할 수 있는 일입니다. 우리의 개념적 구조는 최종적인 것도 아니고 가능한 유일한 것도 아닙니다. 진화를 통해, 일상적인 일들을 수행하기 위해 개념적 구조를 재편해온 것입니다. 이 방식이 계속해서 유효해야 할 까닭은 없습니다. 모든 것을 지상 물체와 천상 물체로 나누는 것은 일상생활에는 적합할지 몰라도, 우주를 이해하고 그 안에서 우리의 위치를 이해하는 데는 적합하지 않지요.

그렇다면 블랙홀의 미래에서 아인슈타인의 방정식이 예측하는 특이점을 건너려면 현실을 어떻게 재개념화해야 할까요? 특이점의 반대편에는 무엇이 있을까요? 앨리스의 거울 너머에는 무엇이 있을까요?

일반 상대성 이론이 예측하는 시간의 끝을 넘어 거울을 통과할 만큼 가벼워지려면, 우리는 무엇을 집에 놓아두고 무엇을 가져가야 할까요?

# 2

블랙홀의 시간을 거꾸로 돌리다

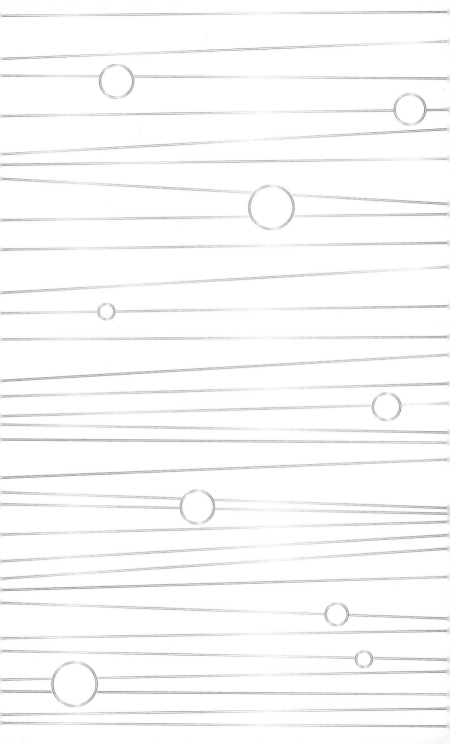

*1.*

그 여름날, 제 작업실에서 몇 달 동안 많은 시행착오를 거친 끝에 할이 새로운 제안을 했습니다. 양자 터널을 통과하면 시간이 뒤집히는데, 이때 통과 전후에 두 시공간을 연결해보자는 것이었습니다. 그게 무슨 의미였을까요?

그것은 특이점 **너머에** 뭔가가 있을지도 모른다는 얘기였습니다.

이 제안은 아주 단순한 유추를 바탕으로 한 것이었습니다. 블랙홀은 낙하로 형성됩니다. 연소를 마친 별이 자기 무게에 의해 압착되며 낙하하는 것이죠. 그리고 블랙홀에 들어간 물체도 **떨어집니다.** 공간 자체는, 즉 앞서 나온 그림에서 깔대기의 긴 통로는 낙하에 의해 쪼그라들고 있습니다.

물체가 떨어질 때 어떻게 되나요? 바닥에 닿았다가, 그 다음엔… **튕겨 올라가죠.** 농구공을 바닥에 떨어뜨리면, 튕겨서 위로 올라갑니다.

튕겨진 공은 어떻게 움직일까요? 잠시 생각해보세요. 마치 필름을 거꾸로 돌린 듯이, 떨어지는 모습과 정반대로 움직입니다. 튀어 오르는 공은 낙하 끝에서부터 거꾸로 본 떨어지는 공과 같습니다. 마치 공이 떨어지는 장면을 거꾸로 재생한 것과도 같죠.

우리는 블랙홀의 특이점 영역은 '중앙'에 있는 것이 아니라, 낙하의 끝 바닥에 있다는 것을 앞에서 보았습니다. 블랙홀이 낙하의 바닥에, 앞에 나온 그림의 진하게 표시된 영역에 도달하면, 공처럼 튕겨서 되돌아갈 수는 없을까요? 마치 시간이 거꾸로 가는 듯이 말입니다.[23] 블랙홀의 일생을 촬영하고 영상을 거꾸로 재생한다고 상상한다면, 우리는 무엇을 보게 될까요?

화이트홀을 보게 될 것입니다.

2.

그렇다면 화이트홀이란 무엇일까요?

오늘날 우리는 하늘에서 많은 블랙홀을 볼 수 있지만, 앞서 말했듯이 우리는 블랙홀을 보기 전에도 이미 그것에 대해 알고 있었습니다. 아인슈타인의 방정식 덕분에 블랙홀이 어떻게 생겼는지 알고 있었죠. (마르세유에 있는 우리 부서장과 같은) 많은 사람들이 블랙홀의 실제 존재를 의심했지만 (너무 이상하다나요.) 블랙홀은 이론가들에게는 이미 잘 알려진 대상이었죠. 방정식의 해이니까요.

화이트홀도 마찬가지입니다. 아인슈타인 방정식의 한 해인 것이죠. 그래서 우리가 잘 알고 있는 것입니다.

사실 그것은 아인슈타인 방정식의 **또 다른** 해가 아닙니다. 블랙홀을 기술하는 것과 **동일한** 해이지만, 시간 변수의 부호를 반대로 쓴 것입니다. 동일한 해를, 시간을 거꾸로 돌려서 본 셈이죠. 화이트홀은 블랙홀을 촬영하고 그 영상을 거꾸로 재생할 때 나타날 모습인 것입니다.

아인슈타인의 방정식은 모든 기초 물리학의 방정식과 마찬가지로 시간의 방향을 특정하지 않고, 과거와 미래를 구별하지 않습니다. 그것은 어떤 과정이 일어날 수 있다면, 동일한 과정이 시간적으로 역으로 일어날 수도 있음을 말해줍니다.[24]

만약, 블랙홀이 여정의 끝에 도달해 공처럼 튀어 올라 시간을 거꾸로 거슬러 올라가 이전에 지나온 길을 되돌아간다면… 그것은 화이트홀로 변한 것입니다.

다음은 블랙홀의 내부 공간이 어떻게 계속 진화하는지를 보여주는 그림입니다.

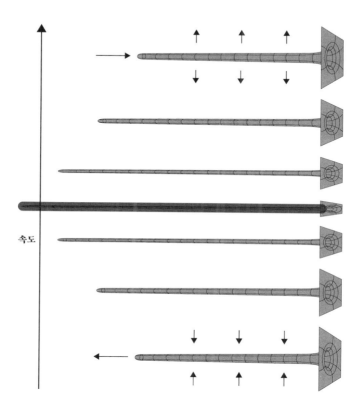

양자 영역(진하게 표시된 부분)에 들어가면 튜브가 길어지고 좁아지는 것을 멈추고 튕겨 나옵니다. 튕겨 되돌아가면서, 짧아지고 넓어지기 시작합니다.

블랙홀은 들어갈 수는 있어도 나올 수는 없습니다. 반대로 화이트홀은 나갈 수는 있지만 들어갈 수는 없습니다. (구멍으로 **들어가는** 것을 촬영한 다음 영상을 거꾸로 재생하면, 구멍에서 **나오는** 것이 보이죠.) 블랙홀에 들어간 모든 것은 진하게 표시된 지대를 통과하여 화이트홀로 간 다음 다시 나오게 됩니다.

간단하죠?

하지만 정말 이런 일이 일어날 수 있을까요? 블랙홀에서 화이트홀로 가려면, 공간과 시간이 그림의 진하게 표시된 지대를 통과해야 합니다. 거기에서 그것들은 아인슈타인의 방정식을 위반할 수밖에 없습니다. 아마도 튕겨 나오는 짧은 순간 동안일 수도 있지만, 어쨌든 위반하지 않을 수 없습니다.

우리는 아인슈타인의 방정식이 위반될 것이라고 예상합니다. 즉 특이점에서 양자 효과가 작용할 것으로 예상하는 것이죠. 하지만 이러한 효과가 그러한 반등을 허용할까요?

물리학자들은 원자, 전자, 빛, 레이저 등의 양자 물리학에 대해서는 잘 알고 있지만… 여기서는 공간과 시간의 양자 물리학을 다루고 있습니다.

**이것이** 바로 제가 블랙홀과 화이트홀에 그토록 관심을 갖는 이유입니다. 저는 공간과 시간의 양자적 측면을 이해하려고 평생을 노력해왔습니다. 공간과 시간이 양자적일 때, 이를 이해하는 데 필요한 개념적 틀을 찾는 일에 열정을 쏟았죠.

"나는 옛 불꽃의 흔적을 알아봅니다!"[25]

블랙홀 바닥에서 나는 그것이 반짝이는 것을 봅니다.

제가 이론 물리학에서 하는 일의 대부분은 양자적 공

간과 시간을 설명하는 수학적 구조를 구축하는 작업에 참여하는 것이었습니다. 우리가 구축한 수학적 구조는 **루프 양자 중력**이라고 부릅니다. 공간과 시간의 양자적 속성이 지배하는 블랙홀의 영역에서, 즉 우리가 직관적으로 알고 있는 연속적인 공간과 시간이 더 이상 작동하지 않는 그 영역에서 어떤 일이 일어나는지 이해하려면, 이 이론이 필요합니다. 여기서 우리는 이 이론이 작동하는지 볼 것입니다.

　"여기서 당신의 고귀함을 보이소서."**26**

## 3.

'양자 행동'이란 무슨 뜻일까요?**27** 가장 간단한 양자 속성은 입자성입니다. 미시적 규모에서는 모든 과정이 입자적인 방식으로 나타납니다. 낮은 강도에서 관찰된 빛은 빛의 **알갱이**, 즉 광자로 나타납니다.

이 기본 발상을 공간에 적용하면, 크기가 유한한 **공간의 기본 입자**가 존재한다는 것을 의미합니다. 공간의 양자죠. 공간은 임의로 작을 수 없습니다. 분할 가능성에 하한이 있는 것입니다. 공간은 물리적 존재자이며 다른 모든 것과 마찬가지로 입자로 되어 있습니다.[28] 아인슈타인의 이론과 양자론의 수학이 결합되어 이러한 결과가 나왔습니다.

이러한 결과를 얻는 데 필요한 수학은 수년 전에 로저 펜로즈Roger Penrose에 의해 개발되었습니다. 그는 영국의 위대한 상대성 이론가로, 제가 이 책의 초고를 쓰고 있던 2020년 노벨상을 수상했죠. 이 수학도 네트net라는 간단한 유추에서 비롯되었습니다. 네트는 링크로 연결된 노드node들의 집합입니다. 노드는 공간의 기본 입자에 해당합니다. 광자가 빛의 양자인 것처럼, 그것은 '공간의 양자'입니다. 그러나 근본적인 차이가 있습니다. 광자는 공간 **속에서** 이동하는 반면, 공간의 양자는 그 자체가 공간이라는 네트를 엮는 입자입니다.

네트의 링크는 인접한 노드를 연결하여, 노드들의 집합이 연결된 구조가 되도록, 즉 '공간적' 구조가 되도록 합니다. 로저 펜로즈는 이러한 구조를 '스핀 네트워크spin networks'라고 불렀습니다. '스핀'이라는 표현은 **회전**이 중요한 역할을 하는 공간 대칭의 수학에서 유래했죠.[29]

다음은 스핀 네트워크와 그것이 나타내는 공간의 양자를 직관적인 이미지로 표현한 것입니다.

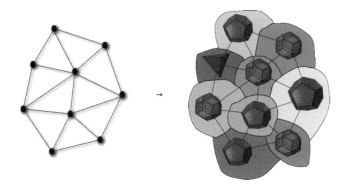

1958년에 영국인 펜로즈는 핀켈스타인을 만났습니다. 블랙홀의 지평선이 어떻게 작동하는지를 이해하고 뒤러의 판화 작품에 대한 글도 썼던 그 미국인 말입니다. 핀켈스타인은 얼마 전 밝혀낸 블랙홀의 지평선에 대한 강연을 하기 위해 런던에 와 있었습니다. 펜로즈는 옥스퍼드에서 막 공부를 마치고 그의 강연을 듣기 위해 런던으로 왔습니다. 강연이 끝난 후 두 젊은이는 오랫동안 이야기를 나눴습니다. 펜로즈는 이미 스핀 네트워크 수학의 기초를 개발하기 시작했고, 대화를 나누던 중에 핀켈스타인에게 이 수학을 설명했습니다.

두 사람 모두 이 만남을 통해 변화를 겪습니다. 펜로즈는 블랙홀에 대해 열정을 갖게 됩니다. 핀켈스타인의 강연에서 촉발된 열정으로 연구에 빠져든 그는 몇 년 후 블랙홀의 형성이 불가피하다는 사실을 증명했고, 이 업적으로 60년 후 노벨상을 수상하게 됩니다. 핀켈스타인은 펜로즈가 스핀 네트워크를 고안하여 연구하기 시작한 우주의 불연속적 구조에 대해 열정을 갖게 되었습니다. 이후로 핀켈스타인은 기본 양자로 구성된 시공간에 대한 양자적 기술을 오랫동안 찾습니다. 그 특별한 만남을 통해, 아이디어의 세계를 탐험하던 두 모험가는 서로의 관심사를 교환했던 것입니다.[30]

그 만남이 있었던 당시 나는 두 살이었습니다. 35년 후, 나는 리 스몰린Lee Smolin과 함께 양자론 기법을 일반 상대성 이론에 적용하여 스핀 네트워크의 수학과 그것이 기술하는 입자적 공간을 재발견했습니다. 펜로즈와 핀켈스타인이 30년 전에 교환했던 두 연구 세계를 결합한 것이죠.

1994년 당시, 스몰린은 베로나에 있는 나를 자주 찾아왔습니다. (나중에 알게 된 사실이지만, 단지 나를 보러 온 것은 아니었고, 베로나에 사는 아름다운 내 친구에게 매료되어 있었던 겁니다.) 공간의 기본 양자적 속성을 계산하기 시작하면서 우리는 펜로즈의 스핀 네트워크를 재발견하고 있다는 사실을 깨달았습니다. 스몰린은 펜로즈에게 그 수학의 세부 사항을 설명하기 위해 옥스퍼드로 날아갔습니다. 그 이후

로저 펜로즈는 우리에게 멋진 큰 형님 같은 존재가 되었습니다. 다시 블랙홀 얘기로 돌아가죠.

공간이 입자로 되어 있다면, 블랙홀의 내부는 개별 입자의 크기보다 더 작게 쪼그라들 수 없습니다. 블랙홀 내부의 튜브를 짓누르는 수축은 특이점 이전에 멈출 수밖에 없습니다. 그 다음에는 어떤 일이 일어날까요?

## 4.

양자 현상의 두 번째 특징은 사물이 항상 명확한 속성을 가지고 있지 않다는 것입니다. 입자가 항상 위치를 갖는 것은 아닙니다. 사실, 일반적으로 입자는 위치가 없습니다. 입자는 다른 입자와 충돌하여 스크린에 다다르는 순간 위치를 갖게 됩니다. 한 충돌과 다른 충돌 사이, 방출되어 스크린에 다다르는 사이, 입자는 명확한 위치가 없습니다. 도약하는 것이죠. 파도처럼 퍼져나간다고 생각할 수 있습니다. 그러다가 무언가에 부딪칠 때 다시 집중됩니다.

실재 이러한 파동적 측면의 결과 중 하나가 '터널 효과tunnel effect'라는 현상입니다. 터널 효과란, 물체가 원래는 뚫을 수 없는 장벽을 통과하는 능력을 말합니다. 벽에 구슬을 던진다고 상상해보세요. 고전 물리학에 따르면 구슬은 벽을 통과할 수 없죠. 하지만 실제로는 구슬이 반대편으로 통과할 가능성이 (아주 작은 확률로나마) 있습니다. 이것이 바로 터널 효과입니다. 마치 구슬이 어떤 장벽을 통과할 수 있는 (가상의) '터널'을 발견할 수 있는 것처럼 보이기 때문에 그렇게 불리죠.

할의 첫 번째 아이디어는 다음과 같았습니다. 블랙홀 내부가 아인슈타인 방정식이 금지하는 영역(그림의 진하게 표시된 부분)을 건너 터널 효과에 의해 '다른 쪽으로' 넘어갈 수 있다는 것입니다.

그러므로 공간과 시간의 양자적 속성은, 블랙홀 내부가 고전 방정식에서는 시간이 멈추는 특이점을 넘어 '점프'할 수 있게 해줍니다. 그런데 여기서 점프하는 것은 입자가 아닙니다. 그것은 시공간 그 자체입니다. 시공간 점프는 공간과 시간에서 일어나는 현상이 아닙니다. 이는

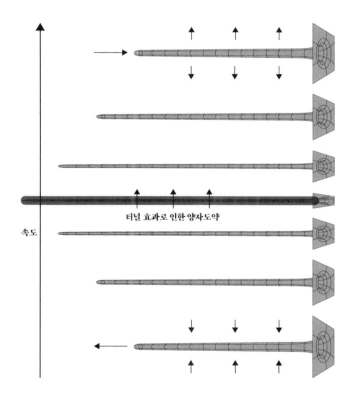

속도

**터널 효과로 인한 양자도약**

공간적이지도 시간적이지도 않은 현상입니다. 그것은 공간이 한 구성에서 다른 구성으로 양자도약quantum leap하는 현상입니다. 루프 양자 중력 이론은 이러한 종류의 양자도약, 즉 공간의 한 구성에서 다른 구성으로 점프하는 것을 기술합니다.

보통의 양자 역학 방정식은 **공간 속의** 물리 시스템이 한 구성에서 다른 구성으로 점프할 확률을 나타냅니다. 루프 양자 중력 방정식은 **공간이** 한 구성에서 다른 구성으로 점프할 확률을 알려줍니다.

아인슈타인의 이론에서 시간의 끝이라고 예측된 영역을 건너는 그 순간, 잠깐 동안 시간과 공간은 더 이상 존재하지 않습니다.

여기입니다. 여기서 공간과 시간의 양자적 속성이 빛을 발합니다. 우리는 아인슈타인의 이론에서 실재의 가장자리라고 불렀던 것을 넘어 반대편으로 갈 수 있습니다. 루프 양자 중력 방정식을 통해 이런 일이 일어날 확률을 계산할 수 있습니다.

이것이 바로 핵심입니다. 블랙홀의 운명이라는 과학적 문제와 함께 이 책의 핵심이죠. 일반 상대성 이론이 예측한 시간의 끝을 넘는 도약이 일어날 수 있습니다. 양자 이론으로 예측되는 것입니다. 이는 모든 양자도약과 마찬가지로 진정한 도약입니다. 연속성의 단절이죠. 시공간 연속체의 순간적인 파열입니다. 그러나 그것은 우리가 가지고 있는 방정식으로 포착되고 설명됩니다. 양자 중력 방정식은 단순한 시공간 연속체보다 더 복잡한 세계를 설명합니다.

연옥의 산에 오른 단테는 베르길리우스를 잃지만, 감정이 북받쳐 오르던 그 순간, 그는 베아트리체가 나타나는 것을 보게 됩니다. "옛 불꽃의 흔적을 알아봅니다!"[31]

베아트리체의 눈과 태양 그리고 자신의 눈 사이에 눈부시게 눈길이 오가는 가운데 단테는 우주의 끝자락을 넘어갑니다. 베아트리체는 태양을 바라보고, 단테는 베아트리체의 눈을 바라보고, 그러고는 그녀의 시선을 따라 자신도 태양을 바라봅니다.

"여기서 허용되지 않는 많은 것이 저기서는 허용됩니다."[32]

빛이 단테에게 쏟아지자… "갑자기 태양에 태양이 포개지는 것 같았고"[33] 그는 다시 베아트리체의 눈빛에 빠져드는데요….

베아트리체는 영원한 수레바퀴에
온통 눈을 돌리고 있었고,
나는 그녀에게 눈빛을 맞추었다…[34]

도약하는 동안 빛의 호수 외에 아무것도 없습니다….

그때 하늘은 태양의 불꽃으로 활활
타는 것처럼 보였으니, 어떤 비나 강물도
그토록 넓은 호수를 이루지 못했으리라.[35]

… 그리고 시간과 공간을 넘어 날아갑니다.


## 5.


몇 가지 세부 사항을 추가하여 블랙홀에서 화이트홀로 전환하는 이미지를 다시 가져와 봅시다(104쪽).

별의 경로를 추가했습니다. 자신의 주위에 블랙홀을 형성하고 튕겨 올라 결국 화이트홀로 빠져나가는 경로입니다. 별은 늘 긴 깔때기의 바닥에 남아 있습니다. 또한 그림의 오른쪽에는 블랙홀과 화이트홀의 외부도 추가했습니다.

양자도약 영역은 진하게 표시된 부분입니다. 나머지는 모두 아인슈타인의 이론과 일치합니다.

나는 양자도약 영역을 세 부분으로 나누고 A, B, C라고 이름을 붙였습니다. 무미건조한 이름이지만 전문적인 문헌에서 그렇게 불러서 그대로 따랐습니다.

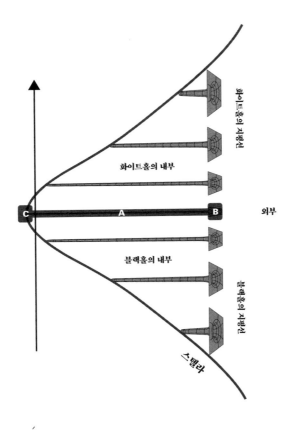

화이트홀의 지평선

화이트홀의 내부

외부

블랙홀의 내부

블랙홀의 지평선

스텔라

A 영역은 블랙홀의 기하학 구조에서 화이트홀 기하
학 구조로의 내부 전이입니다. 최근 몇 년 동안 많은 연구

그룹이 루프 양자 중력을 이용해 이 전이를 연구해왔습니다. 세부 사항이 늘 일치하는 것은 아니지만 거의 모든 연구가 이러한 전이가 가능하다는 것을 보여줍니다.

C 영역은 별의 바운스, 곧 반등입니다. 루프 양자 중력에 따르면 이는 빅뱅에서 일어난 일과 매우 유사합니다. 빅뱅은 우주가 양자가 허용하는 최대 밀도에 도달할 때까지 수축한 후 다시 튕겨져 나와 팽창하기 시작하는 거대한 우주적 반등(빅 바운스Big Bounce)이었을 수도 있습니다. 블랙홀에서는 우주 전체가 아니라 별만 반등하지만, 그 물리학은 비슷합니다. 극도로 높은 밀도에서 양자들이 분리되어 있으면서 압력을 생성하여 더 이상의 압축을 방지하고 반등을 유발하는 것입니다. 두 경우 모두 붕괴를 반등으로 바꾸는 압력을 유발하는 것은 양자 중력 현상입니다.

최대 압축 순간에 극도로 압축된 별을 '플랑크 별Plank star'이라고 부릅니다.[36] 양자 중력의 척도인 플랑크 크기에 도달했기 때문입니다.[37] 더 나아가 '플랑크 별'이라는 이름은 별이 블랙홀로 붕괴되고 반등하여 화이트홀이 되어, 모든 것이 다시 나올 때까지의 전체 현상을 가리키기도 합니다.

수학적으로 처리하기 가장 어려운 영역은, 지평선이 블랙홀에서 화이트홀로 양자도약하는 B 영역입니다. 이 전이에 대한 계산은 현재 진행 중입니다. 이 계산은 '공변covariant' 또는 더 화려하게 '스핀 거품 spin foam'이라고 불리는 루프 이론의 한 버전을 기반으로 합니다.

나는 수정하느라 열 번이나 이 글을 다시 읽고 있습니다. 여기는 베로나의 단테 광장입니다. 앞에는 그의 근엄한 동상이 있습니다. 나는 지금 프라 조콘도 로지아 loggia di fra giocondo 계단에 앉아 있습니다. 처음 첫사랑을 만난 곳이죠.

이곳은 내가 태어난 도시이며, 세상에서 (행복한) 유배 생활을 하다가 기회가 될 때마다 돌아오는 곳입니다. 단테에게 베로나는 고통스러운 유배의 장소였습니다. 여기서 그는 "다른 사람들의 빵이 얼마나 짠지(베로나의 빵은 단테의 출생지인 피렌체처럼 싱겁지 않고 짠맛이 납니다.), 남의 계단을 오르내리는 것이 얼마나 고된지 알게"**38** 됩니다. 내 앞에는 아주 긴 계단이 있는 라지오네 궁전palazzo della ragione이 있습니다. 생각해보니 궁전은 그때도 이미 있었는데, 계단은 아니었던 것 같네요. 어쨌든 단테는 700년 전에 이곳에 자주 왔던 게 분명합니다. 그는 여기서 《신곡》의 〈천국〉편을 썼습니다. 분명 그도 이 광장에 앉아 원고를 살펴보았을 것입니다.

근처에는 작은 세인트헬레나 교회가 있습니다. 그 옆의 성당 회랑에서 나는 소녀들과 몰래 입맞춤을 하곤 했습니다. 신부님에게 들켜 쫓겨나기도 했죠. 그곳에는 아마도 세계에서 가장 오래되었다는 도서관이 있습니다. (3세기의 양피지 사본과 5세기의 필사본을 본 적이 있죠.) 여기서 단테는 '물과 땅에 관한 문제'라는 강연을 했는데, 땅의 본성적 위치가 물보다 더 낮은데도 어떻게 육지가 솟아 있는지에 대해 이야기했습니다. 좋은 질문이죠. 어떤 사람들은 그가 명문 대학으로 발전하고 있던 베로나의 학교인 '스튜디오'에서 교수직을 얻기 위해 강의를 했다고 합니다. 그게 사실인지는 모르겠습니다만, 어쨌든 그는 일자리를 얻지 못했습니다. 자격이 충분하지 않다는 평가를 받았나봅니다. 어쩌면 사교성이 부족하다거나… 온 우주를 노래한 시인인데 말이죠.

이야기가 샜네요. 블랙홀에서 화이트홀로의 전이 이야기로 돌아갑니다. 별 이야기도 했고, 블랙홀 내부도, 지평선 이야기도 했죠.

그러나 이 모든 것만으로는 충분치 않습니다. 가장 중요한 단계가 남아 있습니다. 블랙홀 **내부**에서 이런 일이 발생하면 **외부**에서는 어떤 일이 일어날까요? 외부에 양자적인 어떤 것도 기대할 수 없다면, 어떻게 **블랙홀의 외부가 화이트홀의 외부**로 변할 수 있을까요?

이 질문에 답하고, 그날 할의 통찰을 이해하려면, 화이트홀이 무엇인지 조금 더 잘 이해할 필요가 있습니다.

놀랄 준비하세요.

*6.*

화이트홀의 외부와 블랙홀의 외부는 어떻게 다를까요? 우리가 외부에 있는 경우, 블랙홀과 화이트홀을 어떻게 구별할 수 있을까요?

정답은, '구별할 수 없다'입니다. 외부에서 보면 화이트홀은 블랙홀과 구별이 안 됩니다.

블랙홀은 질량을 가진 모든 물체와 마찬가지로 끌어당깁니다. 화이트홀도 마찬가지죠. 블랙홀 주변에는 궤도를 도는 행성이 있을 수 있습니다. 화이트홀 주변도 그렇고요…. 우리는 블랙홀을 **향해** 떨어질 수도 있고, 화이트홀을 **향해** 떨어질 수도 있습니다.

이는 좀 혼란스럽습니다. 화이트홀은 뒤집힌 블랙홀과 같지만, 그렇다고 해서 중력의 인력이 척력이 되는 것은 아닙니다. 시간의 방향이 뒤집힌다고 해서 인력이 척력이 되지는 않습니다.**39** 외부에서 볼 때 블랙홀과 화이트홀은 정확히 같은 방식으로 작용합니다. 둘 다 질량이 중력의 힘으로 끌어당기는 것입니다.

하지만 어떻게 이럴 수 있죠? 둘은 서로 아주 다른 물체처럼 보입니다. 블랙홀은 들어갈 수만 있고, 화이트홀은 나올 수만 있는 것이죠. 그런데도 그것들이 구별되지 않는다는 게 어떻게 가능한가요? 모순처럼 보입니다.

하지만 그렇지 않습니다. 그리고 바로 여기서 일반 상대성 이론의 놀라운 건축적 마법이 빛을 발합니다. 섬세하고 아름다운 부분이죠. 저를 따라오세요. 다음 단락에서 길을 잃더라도 괜찮습니다. 심각한 문제가 아닙니다. (많은 사람들이 길을 잃어요.) 그러나 따라오실 수 있다면 시간의 상대성이 얼마나 놀라운 일을 하는지 알게 될 것입니다.

자, 그래요. 화이트홀에서는 나올 수가 있습니다. 그래서 돌이 화이트홀로부터 자유로이 멀어져가는 것을 볼 수 있습니다. 블랙홀로부터 멀어져가는 돌을 볼 수 있을까요? 언뜻 보기에는 불가능해 보입니다. 블랙홀에서 **빠져나올** 수가 없는데 어떻게 돌이 **자유롭게** 블랙홀로부터 **멀어져갈** 수 있겠습니까? 그러나 그 일은 가능합니다. 만약 붕괴하는 별에서 누군가가 지평선을 넘기 직전에 큰 힘으로 돌을 내던졌다면 돌은 밖으로 날아갈 것입니다. 그러나 멀리서 보면 비행의 첫 부분은 매우 느리게 진행됩니다. 모든 것이 극도로 느린 동작으로 움직이기 때문입니다. 그래서 돌은 오랜 시간이 지난 후에야 블랙홀로부터 멀어질 것입니다. 따라서 화이트홀에서 멀어져가는 돌을 볼 수 있는 것처럼, 블랙홀에서 돌이 멀어져가는 것도 볼 수가 있습니다.**40**

같은 논리가 역으로도 적용됩니다. 블랙홀을 향해 떨어지는 돌을 상상해보세요. 이윽고 돌은 지평선을 넘어갑니다. 화이트홀을 향해 떨어지는 돌은 지평선을 넘을 수 없습니다. 화이트홀의 지평선에는 들어갈 수가 없기 때문이죠. 그렇다면 외부에서 볼 때 블랙홀과 화이트홀을 쉽게 구별할 수 있는 것 아닐까요? 떨어지는 돌을 지켜보고 있기만 하면 되니까요. 그러나 그렇지가 않습니다. 기억합니까? 외부에서는 돌이 블랙홀의 지평선으로 **들어가는** 모습을 결코 볼 수 없다는 것을요! 빛이 이동하는 데에 점점 더 오랜 시간이 걸리기 때문이죠. 돌이 지평선에 점점 더 가까이 **다가가는** 것을 볼 수는 있지만, 지평선으로 들어가는 것을 볼 수는 없습니다. 화이트홀을 향해 떨어지는 돌은 어떻게 보일까요? 블랙홀과 똑같습니다! 우리는 그것이 지평선에 점점 더 가까워지는 모습을 볼 수는 있지만 들어가는 것은 볼 수 없습니다.

화이트홀을 향해 떨어지는 **돌에게는** 어떤 일이 벌어질까요? 돌은 화이트홀에서 나오는 물질과 곧 부딪치게 됩니다. 얼마나 걸릴까요? 밖에서 볼 때는 매우 길어 보이지만(지평선 근처에서는 시간이 느려지니까요.), 돌에게는 매우 짧습니다. 시간 탄력성의 마법이죠. 블랙홀의 지평선과 화이트홀의 지평선은 다르지만, 밖에서 보면 모든 것이 똑같습니다.

지평선은 블랙과 화이트를 구별하고 미래와 과거를 구별하지만, 외부는 그렇지 않습니다.

데이비드 핀켈스타인이 지평선에서 무슨 일이 일어나는지를 보여준 1958년 논문의 제목은 〈점 입자 중력장의 과거-미래 비대칭성〉이었죠. 이 제목은 핵심적인 통찰을 강조하고 있습니다. 블랙홀 **외부**의 기하학적 구조는 시간 역전에 따라 변하지 않지만, 이 대칭은 지평선에서는 깨집니다. 지평선은 시간 역전에도 불변인 것이 아닙니다. 외부가 불변이죠. 이러한 이유로 블랙홀과 화이트홀의 지평선이 서로 반대임에도 불구하고 외관이 똑같을 수 있는 것입니다.

이 모든 것이 기상천외하지만, 이것이 바로 자연이 작동하는 방식입니다. **안쪽**에서 일어나는 일은 완전히 다른데도, 지평선에서 시간이 부리는 재주 때문에 바깥쪽에서는 화이트홀과 블랙홀이 똑같은 것으로 보이는 것입니다.

그리고 **이것**은 그날 할이 했던 결정적인 관찰이었습니다.

왜 그럴까요? 그것은 블랙홀 내부에서 일어나는 일이 앞서 나온 그림에 나와 있는 것과 정확히 일치한다는 것을 그럴듯하게 만들어주기 때문입니다. 마법의 핵심은 **내부**에서는 공간이 그림과 같이 진화하는 반면, **외부**에서는 아무 일도 일어나지 않는다는 것입니다!

양자 터널은 왜곡이 극도로 큰 시공간 영역에서만 발생하는데, 이는 양자 영역이 **아닌** 외부에서는 모든 것이 일반 상대성 이론에 따라 계속 유지된다는 사실과 양립할 수 있습니다.

블랙홀을 나타내는 아인슈타인 방정식의 해와 화이트홀을 나타내는 방정식의 해는 방정식을 위반하지 않고도 외부에서 서로 **함께할** 수 있습니다. 위반은 우리가 예상하는 곳, 즉 왜곡이 너무 강해서 양자 효과가 생성되는 곳에서만 발생합니다.

빙고! 우리는 시간의 끝 이후에 블랙홀 내부에서 어

떤 일이 일어날지에 대한 그럴듯한 시나리오를 발견했습
니다. 특이점 너머에는 시간이 역전된 해가 있습니다. 화
이트홀 내부죠. 외부에서는 아무 일도 일어나지 않습니다.
하지만 검은 지평선은 간달프처럼 하얗게 변했습니다.**41**

## 7.

할이 직관적으로 파악했던 시나리오가 구체화되기 시작
하던 그날의 흥분을 저는 기억합니다. 퍼즐 조각들은 이
미 알고 있었습니다. 터널 효과, 아인슈타인 방정식의 화
이트홀 해와 블랙홀 해. 공간 크기의 하한선, 블랙홀과 화
이트홀의 이상한 행동, 지평선에 있는 것과 멀리 있는 것
사이의 충격적인 시간 차이 등등. 떨어진 물체가 다시 튀
어 오르듯이 플랑크의 별도 그렇다는 직관 까지도. 그런
데 이제 퍼즐의 조각들이 서로 들어맞기 시작합니다.

　과학 퍼즐에서는 항상 그렇듯이 일부 조각은 들어맞

지 않아 버려지기도 합니다. 튕겨 나오는 순간 공간과 시간에는 **정확히** 어떤 일이 일어날까요? 양자론에 따르면 도약하는 **동안** 일어나는 일은 존재하지 않으며, 모양도 크기도 속성도 없습니다.

우리는 그 일에 대해 대략적으로 튜브의 압착이 부드럽게 멈추면 튜브가 반등으로 경로를 바꾸어 팽창하기 시작한다고 상상할 수 있습니다. 그러나 현실은 그 전환에서 공간과 시간은 확률의 구름 속으로 용해되고, 그 후에 다시 구조를 재개한다는 것입니다. 버려야 할 퍼즐의 한 조각은 항상 자연의 사건은 시간과 공간 속에 묶여 있는 것으로 상상할 수 있다는 생각입니다.

그날 밤 많은 질문이 해결되지 않은 상태로 남아 있었습니다. 우리는 엄밀한 계산을 해야 했습니다. 유추도 좋지만 그것들이 환상이 아닌지 확인하려면 삼단논법이 필요합니다. 우리는 시공간의 기하학을 정확하게 기술하는 방정식을 작성해야 했습니다. 그 방정식이 양자도약을 제외한 모든 곳에서 아인슈타인의 방정식을 만족시킨다는 것을 보여주어야 했죠. 또한 양자도약의 확률 계산에 착수해야 했습니다.

우리는 며칠에 걸쳐 이 일을 했습니다. 신나고 재미있었습니다. 자르고 붙이고 꿰매는 작업이었습니다. 각 시공간의 영역이 서로 잘 붙는지 확인하는 일이었죠. 골치아픈 점은 각 영역을 기술할 때 서로 다른 관점이 적용된다는 것이었는데, 이것이 바로 처음부터 아인슈타인과 다른 사람들을 혼란스럽게 했던 문제였으며, 핀켈스타인이 명확히 한 문제였습니다. 이 문제를 해결하는 기법은 지금은 익히 알려져 있습니다.[42] 우리는 그 기법을 사용했습니다. 모든 것이 잘 작동했죠. 우리는 그 결과를 논문으로 작성해 학술지에 발표했습니다.[43] 천천히 아이디어가 실현되기 시작하고 있었습니다.

블랙홀이 화이트홀로 변할 수 있다는 가설은 이제 그

가설을 성장시키고자 하는 모든 사람의 손에 있었습니다.

네, 그날 저녁 우리는 아주 행복했습니다. 멋진 아이디어가 떠올랐을 때의 가볍고 고양된 느낌만큼 좋은 것은 거의 없습니다. 마침내 맞아떨어진 계산. 이전에는 이해하지 못했던 일이 이제 어떻게 되는 것인지를 알게 되는 직관. 마치 갑자기 세상이 좋아진 것처럼 느껴지는, 피부 밑으로 스며드는 미묘한 행복감.

어쩌면 그저 일을 잘 해냈다는 만족감일 수도 있습니다. 정원 대문을 고쳤을 때 느끼는 만족감처럼요. 하려고 했던 일을 성공했을 때 느끼는 만족감이죠. 과학을 한다는 것은 실망과 헛수고, 잘못된 아이디어, 실패한 실험, 맞지 않는 계산 등의 연속입니다. 가끔씩 기쁨의 순간이 찾아오기도 하지만요.

어쩌면 그것은 다른 것일 수도 있습니다. 이해하고자

하는 욕구, '가서 보고 싶다'는 욕구를 조금이나마 충족시키는 한 걸음에서 오는 기쁨…. 그날 저녁 할과 저는 아주 행복했습니다. 마음에 드는 아이디어가 생겨서 행복했습니다.

하지만… 그렇다고 해도 우리는 진리를 손에 쥐고 있다고 확신하지는 않았습니다. 과학은 실망으로 가득 차 있습니다. 이것 또한 그럴까요? 그날로부터 수년이 지났습니다. 블랙홀에서 화이트홀로의 전환에 대한 아이디어는 많은 사람들에 의해 다양한 형태로 연구되고 발전되었습니다. 우리는 하늘에서 그 증거를 찾고 있습니다. 그러나 오늘날에도 저는 아직 진실이 우리 손에 쥐어졌다고 확신하지 않습니다.

과학자들은 자신의 생각과 복잡하고 어려운 관계를 맺고 있습니다. 어쩌면 아무도 자신의 생각을 얼마나 믿는지에 대해 스스로에게조차 완전히 정직하지는 않을지도 모르겠습니다. 외교적이어야 하고, 합리적이어야 하고, 항상 자신이 틀릴 수 있다는 것도 인정해야 하죠. 그러나 마음속에는 "하지만 나는 그렇다고 확신해." 하고 말하고 싶은 충동이 있습니다. 자신의 아이디어와 사랑에 빠지고, 그러다가 그것에 대해 확신이 생기면… 그것을 온 힘을 다해 옹호합니다. 결국, 솜사탕에 매달린 어린아이처럼 우리가 집착하는 과학적 명성이란 그것에 달려 있으니까…. 하지만… 그래도 동시에 감정의 밑바닥에는 결코 사라지지 않는 의심이 남아 있습니다…. 우리가 틀렸다는 두려움, 우리가 스스로를 속이고 있다는 두려움…. 과학이란 달콤쌉싸름한 것입니다.

과학자 중 가장 이성적이고 냉철하며 자폐증이 있었던 폴 디랙Paul Dirac은 한 강연에서, 중요한 결과를 얻은 과학자가 스스로 다음 단계로 나아가는 경우가 드문 이유는 그 결과에 대해 가장 먼저 의심을 품는 사람이 바로 자기 자신이기 때문이라고 말합니다. 그는 현대 물리학에서 가장 유명한 방정식 중 하나인, 전자의 움직임을 설명하는 디랙 방정식을 발견했을 때, 이 방정식이 **첫 번째 근사치에서** 원자스펙트럼에 대한 올바른 예측을 제공한다는 것을 보여주는 계산을 즉시 발표했다고 말합니다. 하지만 그는 더 나은 근사치로 계산을 시도하지 않았는데, 그 이유는… 자신이 틀렸을까봐, 그리고 방정식이 틀렸다는 것이 모든 사람에게 드러날까 두려웠기 때문이라고 합니다.

우리 생각이 맞을까? 나는 집 뒤편 숲의 큰 나무들 아래를 걸으며 스스로에게 묻습니다. 어떤 때는 그 생각이 옳을 수밖에 없다는 것이 분명해 보입니다. 모든 것을 고려해봐도, 합리적으로 생각할 때 정말이지 다른 일이 일어날 수가 있나? 온갖 방식으로 문제를 머릿속에서 굴려보지만 틀렸을 법한 곳이 보이지 않습니다. 어떤 때는 혼자서 미소를 짓기도 합니다. 속으로 혼잣말을 합니다. '사실은 틀린 생각이 그것을 연구하는 사람들에게는 맞는 것처럼 보이는 경우가 얼마나 많은지 너 알기나 하니?'

의심이건 확신이건, 기대건 두려움이건, 그날 저녁 우리는 행복했습니다. 좋은 날. 앞으로 한 걸음, 어디로인지는 모르겠지만. 그렇게 또 살아가는 것이죠.

# 3

## 우주를 '당신'이라고 부를 때

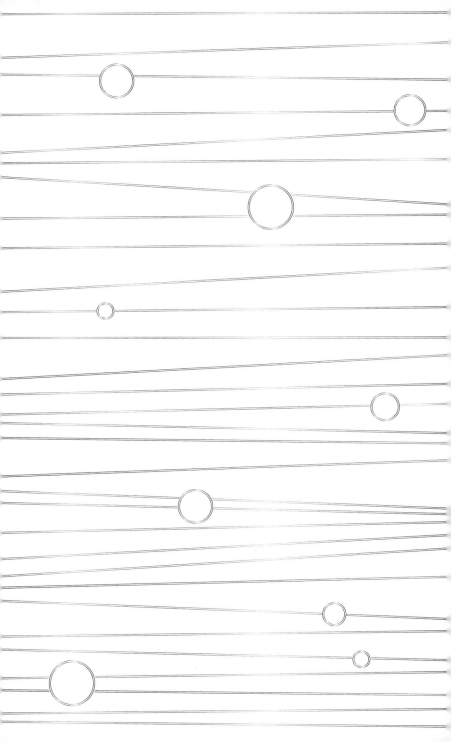

*1.*

주의 깊은 독자라면 할이 제안한 아이디어의 핵심이 **시간**이었다는 것을 눈치챘을 것입니다. 화이트홀은 시간이 거꾸로 된 블랙홀인 것이죠.

하지만 정말 시간을 되돌릴 수 있을까요? 대부분의 현상은 한 방향으로만 일어납니다. 시간 속에서 그것을 되돌릴 수는 없죠. 깨진 유리잔은 다시 붙지 않고, 바닥에 떨어진 달걀도 다시 튀어오르지 않습니다. 과거와 미래는 다른 것입니다.

지금까지 제가 묘사한 블랙홀의 일생에 대한 재구성은 너무 단순합니다. 과거와 미래를 구별하는 모든 것을 무시한 설명이죠. 이야기를 완성하려면 우리는 시간 속에서 뒤집힐 **수 없는** 현상, 즉 블랙홀의 일생에서 '되돌릴 수 없는' 측면도 고려해야 합니다.

이는 다시금 시간이라는 문제로 이어집니다. 과거와 미래는 왜 그렇게 다른 것일까? 왜 우리는 과거는 기억하고 미래는 기억하지 못할까? 왜 우리는 내일 무엇을 할지는 결정할 수 있지만 어제 한 일을 결정할 수는 없는 것일까? 저는 이 질문에 사로잡혀 최근 몇 년 동안 계속 연구해왔습니다. 그 답은 미묘하며 결국 우리와 밀접하게 관련되어 있습니다.

앞으로의 순서는 다음과 같습니다. 먼저 블랙홀의 일생에서 되돌릴 수 없는 측면에 대해 다룹니다. 그리고 과학자들 사이에 벌어지고 있는 재미있는 논쟁에 대해 이야기하고, 그런 다음 시간의 방향에 대해 제가 깨달은 몇 가지 사항에 대해 이야기하겠습니다.

1974년 스티븐 호킹은 뜻밖의 발견을 합니다. 블랙홀이 열을 방출한다는 것이었습니다.[44] 이것 역시 양자 터널 효과이지만 플랑크 별의 반등보다 더 단순합니다. 지평선 안에 갇혀 빠져나올 수 없었던 광자가 양자 물리학이 제공하는 통행증 덕분에 어쨌든 빠져나오는 것입니다. 그들은 지평선 아래로 '터널'을 뚫습니다.

블랙홀은 뜨거운 난로처럼 열을 방출하는데, 호킹은 그 온도를 계산했습니다. 복사열이 에너지를 운반합니다. 에너지를 잃으면서 블랙홀은 점차 질량을 잃고(질량은 에너지죠.) 점점 더 가벼워지고 작아져 지평선이 줄어들게 됩니다. 전문용어로 블랙홀이 '증발'한다고 합니다.

열 방출은 **비가역적**irreversible 과정의 가장 대표적인 특징입니다. 한 방향으로만 일어나고 시간의 역방향으로는 일어날 수 없는 과정이죠. 난로는 열을 방출하여 추운 방을 따뜻하게 합니다. 차가운 방의 벽이 열을 방출하여 난로를 데우는 것을 본 적이 있습니까? 열이 발생하면 그 과정은 되돌릴 수 없습니다. 사실, 자세히 살펴보면 그 반대이기도 합니다. 비가역적인 과정이 있을 때마다 열(또는 열과 유사한 것)도 있습니다.[45] 열은 비가역성의 표시인 것이죠. 과거와 미래를 구분하는 것은 바로 열입니다.[46]

따라서 블랙홀의 생애에는 적어도 한 가지 되돌릴 수 없는 측면이 있습니다. 바로 지평선이 점차 줄어든다는 점입니다.[47]

그러나 주의할 점. 지평선이 줄어든다고 해서 블랙홀의 **내부**가 작아지는 것은 아닙니다. 내부는 여전히 큰 상태이며, 입구만 줄어듭니다. 이것은 많은 사람들을 혼란스럽게 하는 미묘한 점입니다. 호킹 복사는 주로 지평선에 영향을 미치는 현상이지, 블랙홀의 깊은 내부에는 영향을 미치지 않습니다. 따라서 아주 오래된 블랙홀은 기하학적 구조가 독특합니다. (계속 길어졌기에) 내부가 거대하지만 (증발해왔기 때문에) 그것을 둘러싸고 있는 지평선이 작은 것입니다.

오래된 블랙홀은 숙련된 유리공예가의 손에서 '목이 점점 좁아지면서 부피가 커지는' 유리병과 같습니다.

화이트홀로 도약하는 순간의 블랙홀은 지평선은 작지만 내부 부피는 엄청나게 큽니다. 동화에서처럼 작은 껍질 속에 광활한 방이 들어 있는 것이죠.

## 2.

동화 속에서는 작은 오두막집에 들어갔더니 거대한 공간이 펼쳐지는 장면을 볼 수 있습니다. 그러나 동화 속에서나 그렇지 현실에서는 불가능해 보이죠. 하지만 꼭 그렇지는 않습니다. 현실에서도 가능한 일입니다.

이런 일이 기이하게 느껴지는 이유는 공간의 기하학이란 우리가 학교에서 배운 기하학, 곧 유클리드의 기하학으로 단순하다는 생각에 익숙해져 있기 때문입니다. 그러나 사실 그렇지 않습니다. 공간의 기하학은 중력에 의해 휘어져 있습니다. 그렇게 휘어져 있기 때문에 아주 작은 구 안에 거대한 부피가 들어갈 수 있습니다. 플랑크 별의 질량은 공간을 엄청나게 휘어지게 만듭니다. 증발 때문에 입구는 좁아졌지만 깔때기 내부의 통로는 여전히 거대합니다.

놀랍죠. 그러나 이는 평평한 광장에만 살던 개미가 작은 구멍을 통해 커다란 지하 차고로 들어갈 수 있다는 사실을 발견했을 때 느끼는 놀라움과 같습니다. 이 놀라움이 우리에게 주는 가르침은, 직관적인 생각을 너무 믿지 말라는 것입니다. 세상은 우리가 상상하는 것보다 훨씬 더 낯설고 다양하니까요.

큰 부피를 감싸고 있는 작은 표면이 존재한다는 사실은 과학계에도 혼란을 야기했습니다. 과학계는 이 주제를 두고 분열되어 싸우고 있습니다. 이 논쟁에 대해 말씀드리겠습니다. 이 장은 다른 장보다 더 전문적이니 원한다면 건너뛰어도 됩니다. 현재 진행 중인 활발한 과학 논쟁의 한 장면을 본다고 생각하면 되겠습니다.

이 논쟁은 부피는 크지만 표면적이 작은 물체에 얼마나 많은 **정보**를 담을 수 있는지에 관한 것입니다. 과학계 일각에서는 지평선이 작은 블랙홀은 **소량**의 정보만 담을 수 있다고 확신합니다. 다른 진영은 동의하지 않습니다.

그런데 '정보를 담는다.'는 것을 무엇을 의미할까요?

대략 이런 겁니다. 크고 무거운 공이 다섯 개 들어 있는 상자와 작고 가벼운 구슬이 스무 개 들어 있는 상자 중 어느 쪽에 더 많은 것이 들어 있을까요? 답은 '더 많은 것'의 의미에 따라 달라집니다. 공 다섯 개는 더 크고 무게가 더 나가므로 첫 번째 상자에는 더 많은 물질, 더 많은 에너지가 들어 있습니다. 이런 의미에서는 공 상자에 '더 많은 것'이 있습니다.

그러나 구슬의 수는 공의 수보다 많습니다. 가령, 구슬이나 공마다 한 가지씩 색을 입혀 신호를 보내려 한다면, 구슬의 수가 더 많기 때문에 더 많은 신호, 더 많은 정보를 보낼 수 있습니다. 이런 의미에서는 구슬 상자에 '더 많은 것', 더 많은 세부 사항이 있습니다. 더 정확하게 말하자면, 구슬이 더 많기 때문에, 공을 기술하는 것보다 구슬을 기술하는 데 더 많은 **정보**가 필요합니다.

전문용어로 말해, 공이 있는 상자는 더 많은 **에너지**를 담고 있고, 구슬이 있는 상자는 더 많은 **정보**를 담을 수 있는 것입니다.

오래된 블랙홀은 증발이 많이 되어서 에너지가 별로 없습니다. 호킹 복사 때문에 에너지를 잃었기 때문이죠. 이런 블랙홀도 여전히 **많은** 정보를 담을 수 있을까요? 이것이 바로 논쟁거리입니다.

제 동료들 중 일부는 작은 표면 안에 그렇게 많은 정보를 담을 수 없다고 확신합니다. 즉, 그들은 거의 모든 에너지가 소진되고 지평선이 작아지면 그 안에 아주 적은 정보만 들어갈 수 있다고 확신합니다.

과학계의 또 다른 (제가 속한) 일부는 그 반대라고 확신합니다. 블랙홀에는 (심지어 증발이 많이 된 블랙홀에도) 여전히 많은 정보가 있을 수 있다는 것이죠. 양쪽 모두 상대방이 길을 잘못 들었다고 확신합니다.

이런 종류의 논쟁은 과학의 역사에서 흔히 볼 수 있는 일입니다. 사실상 과학의 소금이라고 할 수 있죠. 의견 대립은 오랫동안 계속될 수도 있습니다. 서로 갈라져 논쟁합니다. 정말로 싸우기도 합니다. 그러다 점차 이해에 다다르게 됩니다. 결국 누군가는 옳고 누군가는 틀립니다.

19세기 말, 물리학자들은 두 파로 나뉘었습니다. 한쪽은 볼츠만Ludwig Boltzmann을 따르며 원자가 실제로 존재한다고 확신했습니다. 다른 한쪽은 마흐Ernst Mach를 따르며 원자가 수학적 허구라고 생각했습니다. 논쟁은 치열했습니다. 마흐도 훌륭했지만, 볼츠만이 옳았습니다. 오늘날 우리는 현미경으로 원자를 볼 수도 있죠.

저는 작은 지평선에는 소량의 정보만 담길 수 있다고 확신하는 동료들이 틀렸다고 생각합니다. 언뜻 보기에는 설득력이 있어 보이지만요. 그럼 이를 살펴보겠습니다.

첫 번째 논증은 물체의 에너지와 온도의 관계로부터 물체 속에 기본 구성 요소(예를 들어 분자의 수)가 **얼마나 많이** 있는지를 계산할 수 있다는 것입니다.[48] 블랙홀의 경우 우리는 (그 질량인) 에너지와 (호킹이 계산한) 온도를 알고 있으므로, 계산을 할 수 있습니다. 그 결과는 지평선이 작을수록 이러한 기본 구성 요소의 수가 더 적다는 것을 보여줍니다. 구슬이 몇 개밖에 없는 것처럼 말이죠.

두 번째 논증은 가장 많이 연구된 양자 중력 이론인 끈 이론과 루프 이론을 모두 사용하여 이러한 기본 구성 요소를 직접 계산할 수 있는 명시적인 계산법이 있다는 것입니다. 이 두 경쟁 이론은 1996년에 몇 달 간격으로 계산을 완료했습니다.[49] 두 이론 모두 지평선이 작을 때 기본 구성 요소의 수가 적어진다고 보고합니다.[50]

이 논증들은 매우 강력해 보입니다. 이를 바탕으로 많은 물리학자들은 작은 표면으로 둘러싸인 기본 구성 요소의 수는 반드시 적을 수밖에 없다는 '도그마'(스스로 그렇게들 불러요.)를 받아들였습니다. 작은 지평선 안에 들어갈 수 있는 정보는 매우 적은 것입니다.

이 '도그마'에 대한 증거가 그렇게 강력하다면, 오류는 어디에 있을까요?

그 오류란 두 논증 모두 블랙홀이 블랙홀로 남아 있는 한, 외부에서 감지할 수 있는 블랙홀의 구성 요소**만을** 계산한다는 것입니다. 이것들은 **지평선에 존재하는 구성 요소**일 뿐입니다.

다시 말해, 두 논증 모두 내부의 큰 부피를 무시하고 있습니다. 이 논증들은 블랙홀에서 멀리 떨어져 있고 내부를 보지 못하며 블랙홀이 영원히 그대로 남아 있다고 가정하는 사람의 관점에서 고안된 것입니다. 블랙홀이 영원히 그 상태로 유지된다면 (떠올려보세요) 블랙홀에서 멀리 떨어져 있는 사람은 외부에 있는 것 또는 지평선 바로 위에 있는 것만 볼 수 있습니다. 마치 내부가 그에게는 존재하지 않는 것과도 같죠. **그에게는요.**

하지만 내부는 존재합니다! 우리처럼 감히 그 안으로 들어가려는 사람들뿐만 아니라, 검은 지평선이 하얗게 변하고 그 안에 갇혀 있던 것이 밖으로 나올 때까지 참고 기다릴 줄 아는 사람들에게는 말입니다.

다시 말해, 끈 이론이나 루프 이론이 제시하는 블랙홀

에 대한 설명을 **완전한** 설명으로 받아들이는 것은 1958년 핀켈스타인의 논문을 소화하지 못한 것입니다. 외부 좌표를 가지고 블랙홀을 기술한 것은 불완전하다는 사실을요!

루프 양자 중력의 계산을 보면 알 수 있습니다. 구성 요소의 수는 정확히 **지평선 위에 있는** '공간 양자'의 수를 세어 계산됩니다. 그러나 끈 이론 계산도 자세히 살펴보면 같은 일을 합니다. 블랙홀이 **정적 상태**라고, 즉 변하지 않는다고 **가정하고**, 멀리서 볼 수 있는 것에 의존하는 것이죠. 따라서 내부에 있는 것과 블랙홀의 증발이 끝난 **후** 더 이상 정적 상태가 아닐 때, 멀리서 보이게 될 것은 가정에 의해 무시됩니다. 블랙홀의 내부는 전혀 정적이지 않고 변한다는 것을 떠올려보세요. 긴 튜브가 길어지고 좁아지죠.

요컨대, 제 동료들 중 일부는 조급함(증발이 끝나 양자 중력이 불가피해지기 전에 모든 것을 해결해야 한다고 생각)과 바깥에서 보이는 것 너머에 있는 것을 간과함으로 실수를

저질렀던 것입니다. 이는 우리가 인생에서 흔히 저지르는
두 가지 실수죠.

도그마의 신봉자들에게는 문제가 있습니다. 그들은
이를 '블랙홀 정보 역설black hole information paradox'이라고 부
릅니다. 그들은 증발한 블랙홀 안에는 더 이상 정보가 없
다고 확신합니다. 하지만 블랙홀로 떨어지는 모든 것은
정보를 담고 있습니다. 따라서 블랙홀 안에는 많은 양의
정보가 들어가게 됩니다. 정보는 허공으로 사라지지 않
죠. 그럼 정보는 어디로 가는 걸까요?

이 역설을 해결하기 위해 도그마의 신봉자들은 정보
가 신비로운 방식으로, 아마도 호킹 복사의 주름 속에 숨
어서 나온다고 상상합니다. 마치 오디세우스와 그의 동료
들이 양 밑에 숨어 폴리페모스의 동굴에서 빠져나온 것처
럼 말이죠. 또는 블랙홀의 내부가 가상의 보이지 않는 경
로로 외부와 연결되어 있다고 추측하기도 합니다. 지푸
라기라도 잡는 심정인 것이죠. 그들은 곤경에 처한 교조
주의자들이 다들 그러하듯, 도그마를 구하기 위해 교묘한

방법을 찾습니다.

그러나 지평선에 들어간 정보는 신비한 마법으로 빠져나오는 것이 아닙니다. 간달프처럼 하얗게 변한 후에야 지평선 밖으로 나옵니다.

스티븐 호킹은 말년에 인생의 블랙홀을 두려워해서는 안 된다고 말하곤 했습니다. 조만간 빠져나오게 될 테니까요. 화이트홀을 통과해 나오는 것이죠.

그러나 의견 충돌이 있을 때는 의심도 있습니다. 다른 사람들이 옳다면 어쩌지? 어떻게 해야 할까? 다른 사람들의 글을 읽고, 그들의 근거를 이해하려고 노력하고, 스스로 질문을 던져봅니다. 그런데도 결국 여전히 그들이 틀렸다고 생각되면, 우리는 용기를 내어 다정한 스승의 목소리에 귀 기울여야 합니다.

"사람들은 말하게 두어라. 바람에도 꼭대기가 흔들리지 않는 탑처럼 굳건히 서라."**51**

결국 과학을 한다는 것은 이런 것입니다. 주변 사람들을 설득하는 것이 목표가 아닙니다. 목표는 이해에 다다르는 것입니다. 자신의 길을 가다보면 명료함이 드러날 것입니다. 때가 되면 말이죠. 자신을 믿지 않는 무한한 겸손함이 필요합니다. 그러나 외로운 길을 갈 힘을 얻으려면 무한한 오만함도 필요합니다. 길을 열었던 사람들은 모두 그렇게 했습니다.

저는 글을 쓸 때 두 명의 독자를 염두에 둡니다. 한 명은 물리학에 대해 전혀 모르는 독자. 그에게는 이 연구의 매력을 전하려고 노력합니다. 다른 한 명은 모든 것을 아는 독자. 그에게는 새로운 관점을 제시하려고 노력하죠. 또한 두 사람 모두를 위해 요점만 말하려고 합니다. 물리학에 대해 아무것도 모르는 독자는 본질적인 것에만 관심이 있고 세부 사항은 쓸데없는 부담일 테고, 이미 세부 사항을 알고 있는 독자는 반복해서 듣는 데 관심이 없을 테니까요.

그러나 이러다보면 때로는 중간 범주에 속하는 사람들을 짜증나게 합니다. 이 분야에 대해 좀 알고 있지만 완전히 깊게 들어가보지는 않은 사람들, 예를 들어 물리학과 학생 같은 독자들을 말입니다. 제가 받은 나쁜 논평은 주로 그들에게서 나옵니다. 충분히 이해합니다. 힘들게 공부한 세부 사항이 생략된 것을 보면 짜증이 나고, 신성한 교과서에 쓰인 것과 다른 방식으로 내용이 제시된 것을 발견하면 더더욱 그럴 테지요. 이에 대해서는 독자들에게 사과드립니다.

하지만 제가 가끔 우리 업계에 있는 젊은 동료들을 짜증나게 하는 또 다른 이유가 있습니다. 제가 전문용어를 사용하지 않기 때문입니다. 저는 업계의 용어로 사물을 부르지 않습니다. '아딧줄 풀어줘!' 대신 '큰 돛을 맨 밧줄을 조금 풀어줘!'라고 외치는 소리를 들은 선원을 상상해보세요. 그러나 이 업계에 있지 않은 사람들에게는 '아딧줄 풀어줘!'보다 '큰 돛을 맨 밧줄을 조금 풀어줘!'가 더 이해하기 쉬울 것입니다.

마지막 몇 페이지를 읽으면서, 최근에 이런 것들을 공부한 학생들은 '아, 도대체 왜 로벨리는 사물을 고유 명칭으로 부르지 않는 거야'라며 머리를 쥐어뜯을 것입니다. 저는 이 문제를 해결하기 위해 전문용어로 옮긴 긴 주석을 미주로 달아보았습니다. 전문용어로 썼지만 내용은 앞의 몇 쪽과 같습니다. 일반 독자들에게는 전혀 도움이 되지 않을 겁니다. 우리 업계의 독자들은 좀 더 친숙하게 느껴지고 논증이 좀 더 정확하다고 생각할 테지만요. [52]

## 3.

이제 (역설이 아닌) '정보 역설'에 대한 논란을 뒤로하고, 다시 본론으로 돌아가보겠습니다. 호킹 복사는 되돌릴 수 없습니다. 뜨거운 난로가 식는 것과 마찬가지죠. 따라서 블랙홀의 생애도 되돌릴 수 없습니다. 반등은 완전할 수 없습니다.

땅에서 튀어 오르는 공을 다시 생각해봅시다. 공은 낙하를 시간의 역방향으로 볼 때의 경로와 똑같이 튀어 오른다고 앞에서 썼습니다. 그러나 이것은 정확한 사실이 아닙니다. 공기 마찰은 낙하를 늦추고 상승도 늦추며, 지면에서의 반동은 결코 완벽하게 탄성적이지 않고, 흔적을 남깁니다. 이것은 불가역적인 현상입니다. 공이 에너지를 열로 발산하는 것입니다. 튕겨 나온 후의 상승은 낙하와 정확히 같지 않으며, 낙하가 시작된 높이로 되돌아가지 않습니다.

다시 말해, 공이 튀어 오르는 것은 근사치까지만 되돌아가는 현상입니다. 좀 더 자세히 살펴보면, 역사 전체가 시간적으로 진정한 대칭을 이루지 못하게 하는 비가역적인 현상이 존재합니다. 과거와 미래가 다른 것이죠.

플랑크 별도 마찬가지입니다. 블랙홀은 호킹 복사를 방출하면서 에너지를 잃고 작아지며, 별이 다시 화이트홀로 튕겨져 나와도 화이트홀은 처음의 블랙홀 크기만큼 돌아가지 않고 작은 상태로 머뭅니다. 형성된 화이트홀은 부모인 블랙홀보다 더 작습니다.

호킹 복사는 지평선을 아주 작아질 때까지 줄일 수 있습니다. 이 시점에서 지평선 주변의 시공간 왜곡은 매우 큽니다. 그러면 완전한 양자 영역이 되고 블랙홀에서 화이트홀로 도약할 확률이 매우 높아집니다. 그리고 도약이 일어납니다.[53] 화이트홀은 다시 성장할 수 있는 에너지가 없습니다. 매우 작은 상태로 남아 있습니다. 그러고는 완전히 사라지기 전까지 아주 오랫동안 매우 약한 방사선을 방출합니다.[54]

따라서 플랑크 별의 일생 동안 에너지와 정보의 경로는 매우 다릅니다. 별의 초기 에너지는 거의 모두 호킹 복사를 통해 사라집니다. 별 자체가 에너지를 잃는 방식은 매우 신기하고 진정으로 양자적입니다. 호킹 복사는 블랙홀 속으로 들어가는 음의 에너지 성분을 (예, 양자 세계에서는 에너지도 음수가 될 수 있어요!) 가지고 있습니다. 이것이 블랙홀의 질량을 갉아먹고 초기 에너지를 소진시키면서 결국 플랑크 별에 이르게 합니다. 그 결과 화이트홀의 지

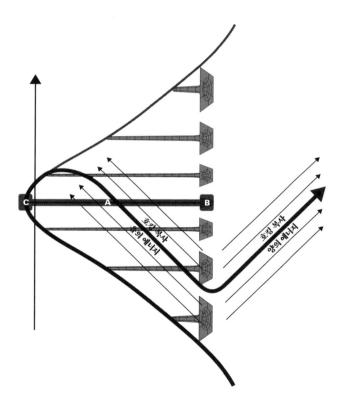

평선에까지 도달하는 잔여 에너지는 거의 없습니다.

대부분 에너지의 흐름은 다음과 같습니다.

반면에, 지평선에 들어온 정보는 양자도약이 일어날 때까지 갇혀 있습니다. 양자도약이 정보를 풀어주어, 정보는 "밝은 세상으로 돌아갑니다." [55]

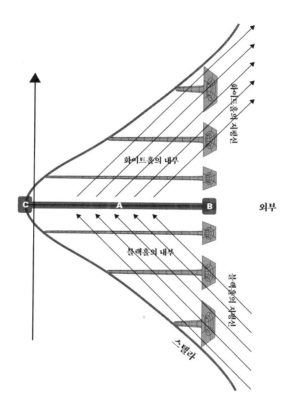

아주 작은 지평선으로부터 많은 저에너지 정보가 나오려면 매우 오랜 시간이 걸립니다. (아주 많은 작은 구슬이 좁은 구멍을 통과해 나와야 한다고 생각해보세요.)

내부의 정보와 잔여 에너지가 모두 빠져나가면, 플랑크 별의 반등으로 인한 행복한 삶의 여정이 끝납니다.

4.

이야기의 끝이 다가오고 있습니다. 그러나 블랙홀의 운명을 풀 수 있는 시간의 가역적 측면과 비가역적 측면이 미묘하게 얽혀 있기에, 시간 흐름의 의미에 관한 매우 일반적인 질문이 남아 있습니다. 이 짧은 이야기를 마무리하기 전에 이 문제를 빠뜨리고 싶지 않습니다.

반등은 시간 역전에 따른 대칭에 의해 허용되지만, 그래도 시간은 제 방향을 유지합니다. 반등의 정확한 순간은 시간적으로 대칭을 이루지만, 전체 과정은 그렇지 않은 것입니다. 블랙홀과 화이트홀의 엄청난 시간 왜곡은 시간에 대한 우리의 직관을 비틀지만, 시간의 방향에는 영향을 미치지 않습니다. 과거는 여전히 미래와 다르게 남아 있습니다. 어떻게 그럴 수 있을까요?

물리학은 시간의 방향에 대해 매우 이상한 것을 알려 줍니다.[56] 예리한 독자라면 이 점을 눈치채고 의문을 가졌을 것입니다. 앞서 기본 방정식이 과거와 미래를 구분하지 않는다고 썼습니다. 방정식에서 시간의 방향은 나오지 않는 것이죠. 그런데도 저는 시간 방향이 있는 현상에 대해 이야기했습니다. 세계의 기본 문법에 기록되어 있지 않다면 시간의 방향은 도대체 어디서 비롯되는 것일까요?

그것은 우리가 기본 방정식의 여러 가능한 해 중 하나에 살고 있다는 사실에서 비롯되며, **이 해**에서 과거는 적어도 우리 관점에서는 특별해 보입니다. 즉, 과거와 미래의 차이는 마치 산에 사는 사람에게 두 가지 지리적 방향의 차이와 같습니다. 한 방향 가령 북쪽으로는 위로 올라

가고 다른 방향 바로 남쪽으로는 아래로 내려가는 식이 죠. 이 두 방향이 본질적으로 각기 위아래와 연관되어 있기 때문이 아니라, 주변이 우연히 그렇게 배열되어 있기 때문입니다. 몽블랑의 이탈리아 쪽에서 보면 '위쪽'은 북쪽이고, 몽블랑의 프랑스 쪽에서는 남쪽입니다. 거스를 수 없는 시간의 흐름도 마찬가지로 사물이 배열되는 방식을 반영합니다.

플랑크 별도 마찬가지입니다. 과거와 미래의 차이는 시간에 내재된 비대칭성에서 비롯된 것이 아닙니다. 그것은 과거가 특수했다는 사실에서 비롯된 것입니다. 이렇게 생각해보세요. 미래에는 호킹 복사가 하늘을 에너지로 가득 채우고 모든 곳으로 에너지를 발산합니다. 반면에 과거에는 이 에너지가 붕괴하는 별에 집중되어 있었습니다. 그래서 미래처럼 에너지가 자연적으로 확산되는 것이 아니라, 에너지가 집중되었기 때문에 과거는 특별했습니다. 산간 지역에서 산 정상이 있는 쪽이 특별한 방향인 것처럼 과거의 방향은 특별한 방향입니다.

과거와 미래가 기본적으로 동등하다는 생각을 소화하기는 쉽지 않습니다. 우리의 가장 뿌리 깊은 직관에 반하는 것이기 때문입니다. 과거와 미래의 **모든** 차이는 **단지** 과거에 사물이 어떻게 배열되었는지에 따른 결과일 뿐으로 설명된다는 것이 정말일까요? 우리의 직관은 그 반대로, 과거는 미래와 근본적으로 다르다고 말합니다. 과거는 결정된 반면 미래는 열려 있다고요. 우리의 직관에 따르면, 시간이 방향 속에서 흘러간다는 것은 실재의 본질입니다. 우리의 직관이 그렇게나 틀릴 수 있을까요? 직관이 틀렸다면 왜 우리의 직관은 그렇게 되어 있는 걸까요?

저는 지평선의 가역적 측면과 비가역적 측면 사이를 이리저리 오가며 화이트홀과 그 시간적 왜곡에 대해 몇 달간 열렬히 연구하면서 이 질문을 자주 던졌습니다.

과거와 미래를 근본적으로 구분하는, 우리가 잘 아는 두 가지 분명한 사실이 있습니다. 이 두 가지 사실은 너무나 기본적이고 당연해 보여서, 시간 그 자체에는 본질적으로 방향이 없다는 생각조차 할 수 없을 정도입니다. 과거와 미래 사이에는 환원 불가능해 보이는 두 가지 뚜렷한 비대칭이 존재합니다.

첫 번째는 우리는 과거를 안다는 것입니다. (미래는 그렇지 않고요.) 따라서 과거는 고정되어 있고 결정된 것처럼 보입니다. 두 번째는 우리가 미래를 선택할 수 있다는 것입니다. (과거는 그렇지 않죠.) 미래는 열려 있고 결정되지 않는 것처럼 보입니다. 과거와 미래의 이러한 근본적인 차이가 단지 사물의 구성에 따른 우연일 수 있을까요?

놀라운 일입니다. 그러나 **이것은** 우리가 풀 수 있는 문제입니다.

## 5.

물이 채워진 두 개의 수조가 열고 닫을 수 있는 격벽이 달린 짧은 통로로 연결되어 있다고 생각해보세요.

격벽이 열려 있으면 두 수조의 물은 같은 높이에 있게

됩니다. 이것은 평형상태입니다. 모든 것이 정지되어 있고, 과거와 미래를 구분하는 것은 없습니다. 물을 촬영해 거꾸로 재생해도 원래 영상과 구별할 수가 없죠.

격벽을 닫고 한쪽 수조에 물을 넣습니다. 이제 한쪽 수조의 수위가 더 높게 유지됩니다. 각 수조는 그 자체로는 평형을 이루지만, 두 수조는 서로 평형을 이루지 않습니다. 확산을 막는 격벽에 의해 불균형이 유지됩니다. 다시금 모든 것이 정지되어 있고, 과거와 미래를 구분하는 것은 없습니다. 물을 촬영한 영상을 거꾸로 재생해도 원래 영상과 구별할 수 없습니다.

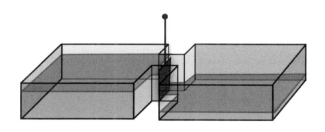

이제 격벽이 잠시 열리면 어떻게 될지 생각해봅시다.

물의 일부가 연결 통로로 들어와 얕은 수조 쪽으로 흘러 들어와 이 수조에 물결을 일으켜 퍼뜨립니다.

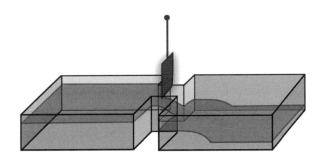

물결은 벽에서 튕겨져 나와 흩어졌다가는 잠시 후 가라앉습니다. 이제 두 수조에 담긴 물의 높이가 어느 정도 균일해졌습니다.

이것은 우리가 매일 경험하는 일상입니다. 격벽이 열리면서 방출되는 물결의 에너지를 '자유에너지'라고 합니다. 자유에너지는 소모됩니다. 물결이 가라앉으면 자유에너지는 더 이상 그곳에 존재하지 않고 '흩어진' 것입니다. 물 분자 사이로 흩어졌습니다. 물 분자의 무질서한 운동 속으로 퍼져나갔고, 우리는 이를 열로 지각하는 것입니다. 자유에너지는 열로 발산됩니다.

흥미로운 것은 이 과정의 중간 단계입니다. 격벽이 열린 후 다시 잔잔해지기 전까지의 단계입니다. **이** 단계에서 (그리고 이 단계에서**만**) 일어나는 일에는 시간 방향이 정해져 있습니다. 이 장면을 촬영하고 거꾸로 재생하면 우리는 터무니없는 장면을 볼 수 있습니다. 물이 저절로 출렁이기 시작하더니 큰 물결이 되었다가는 연결 통로로 밀려들어가고 격벽이 닫히기 직전에 격벽 너머로 모이는 장면입니다. 현실에서는 일어나지 않는 일이죠.

물이 덜 채워진 수조로 흘러들어가는 것은 되돌릴 수 없는 **비가역적인** 현상입니다. 깨진 달걀이 다시 합쳐지지 않는 것처럼 말이죠. 격벽이 열리기 전에는 모든 것이 가역적이고, 물결이 가라앉은 후에도 모든 것이 똑같이 가역적입니다. 중간 단계에서는 비가역성이 있습니다.

이러한 비가역성은 세 가지 요소로 인해 발생합니다.

(1) 두 수조의 수위가 다르다는 초기 불균형 (2) 이 불균형을 오랫동안 유지해온 격벽 (3) 다시 평형을 이루는 데 시간이 걸린다는 사실입니다.

이 세 가지 조건, 즉 (1) 초기 불균형 (2) 가끔 상호작용하는 고립된 시스템 (3) 오랜 시간이 걸리는 평형상태는 우리가 살고 있는 우주 어디에나 존재합니다.

(1) 과거에 우주는 매우 압축되어 있었고, 이는 불균형 상태였습니다. 그 이후로 우주는 팽창했고 지금도 팽창하고 있습니다. 평형상태가 아닌 것이죠.

(2) 우주는 '격벽'에 의해 유지되는 불균형으로 가득 차 있습니다. 예를 들어, 수소와 헬륨은 수조처럼 불균형 상태에 있습니다. 낮은 온도에서는 수소가 헬륨으로 변화되지 않는다는 사실이 평형을 막는 격벽입니다. 그러나 때때로 큰 수소 구름이 중력에 의해 압축되어 가열되면 온도가 상승하고 이

로 인해 수소가 헬륨으로 변환될 가능성이 열립니다. 수소와 헬륨 사이의 격벽이 열리는 것이죠. 별이 탄생합니다. 별은 두 수조 사이에 물이 흐르는 열린 통로입니다. 수소가 헬륨으로 변환되며 평형을 향해 달리는 것이죠. 이 과정은 물이 덜 채워진 수조로 쏟아져 들어가는 물결처럼 되돌릴 수 없는 과정입니다.

(3) 수조의 물은 몇 분 후에 평형에 도달하지만, 태양과 같은 별은 수십억 년 동안 연소됩니다. 높은 수조에서 밀려오는 물결처럼, 태양이 만들어내는 비가역적인 파동은 매일 지구에 쏟아져 들어와 생물권을 구성하는 무수한 비가역적인 과정을 일으킵니다. 우리 생명체는 격벽이 열리면서 방출되는 물결이 일으킨 소용돌이입니다. 우리는 수소와 헬륨의 불균형 속에 갇혀 있다가 태양에 의해 풀려난 자유에너지의 비가역적인 거품입니다.

이제 핵심으로 가봅시다. 앞의 마지막 그림을 잘 보세요 (152쪽). 통로로 물이 흘러 들어가는 그림이오. 다른 정보 가 없이도 격벽이 최근에 열렸음을 알 수 있습니다. 물결 은 **이전에** 어떤 일이 일어났음을 **증언합니다.** 바로 격벽의 개방이죠. 현재의 무언가가 **과거의** 사건에 대해 알려주는 것입니다.

혼적, 기억, 기록은 모두 이와 같은 현상입니다. 되돌 릴 수 없는 현상이죠. 이러한 현상이 일어나기 위해서는 제가 나열한 세 가지 조건, 즉 (1) 시스템이 불균형 상태여 야 하고 (2) 때때로 상호작용을 해야 하며 (3) 혼적, 기억, 기록을 담고 있는 시스템이 한동안 평형에서 벗어나 있을 수 있어야 합니다.

과거의 초기 불균형이 현재에 **과거의** 혼적이 있는 이 유입니다. 혼적의 형성은 모두 평형을 향한 중간 단계일 뿐입니다.[57] 따라서 현재에 과거의 혼적이 있다면, 그것은 오로지 과거의 불균형 때문인 것입니다.

우리가 미래를 기억하지 않고 과거를 기억하는 까닭은 오로지 초기 불균형 때문입니다. 우리가 과거를 아는 것은 현재에 과거의 흔적이 남아 있기 때문입니다. 이를테면 기억이 그렇죠. 이러한 흔적들이 존재하는 것은 과거에 불균형이 있었기 때문입니다. 과거를 알 수 있는 것, 결정된 것으로 만드는 것은 시간에 내재된 방향이 아닙니다. 우리가 과거라고 부르는 것은 특정 시점에 사물이 어떻게 배열되어 있었는가 하는 것입니다. 과거의 불균형, 오로지 그것 때문에 흔적이 존재하게 되는 것이죠.[58] 과거가 결정되었다는 말은 과거의 흔적이 많다는 말과 같습니다.

달에 떨어지는 운석은 **자유에너지**를 나릅니다. 분화구는 그것이 남긴 흔적이며, 끊임없는 분해 과정으로 인해 지워지기 전까지 남아 있습니다. 그 중간 단계에서 분화구는 충돌의 **흔적**이자 충돌의 **기억**입니다. 이 중간 시기에는 흔적이 존재합니다. 분화구는 수조 속의 물결과 같습니다. 다만 흔적의 시간이 더 길 뿐이죠. 사진이나 우리 뇌의 기억도 마찬가지입니다. 그것들이 존재하는 것은, 평형상태가 아니었던 한 시스템으로부터 자유에너지가 다른 시스템(필름, 우리의 뇌)에 도달했다는 사실과, 평형을 이루는 데 시간이 걸린다는 사실 덕분입니다.

우리가 미래가 아닌 과거를 기억하는 이유는 전적으로 우주가 과거 어느 시점에 지금보다 평형상태에서 더 멀리 떨어져 있었기 때문입니다.

시스템이 완전한 평형상태에 도달하면 더 이상 흔적도 기억도 없고, 과거와 미래를 구분할 수 있는 것도 없게 됩니다. 조만간 모든 기억은 시간의 파멸에 의해 희미해지고 지워집니다. 조만간 우리의 자랑스러운 문명도, 우리가 이해한 것도, 이 책의 글귀도, 우리의 논쟁도, 우리의 간절한 사랑과 열정도… 아무 흔적이 남지 않을 것입니다.

## 6.

돌이킬 수 없어 보이고 우리와 더욱 밀접한 관련이 있는 또 다른 비가역적인 현상은, 미래는 선택할 수 있지만 과거는 선택할 수 없다는 사실입니다. 우리는 결정을 내릴 때 장단점을 고려하고, 정보를 살펴보고, 기억을 참조하고, 목표를 평가하고, 가치를 재어보고, 동기, 욕망, 깊은 윤리적 신념 등을 따져보고서, 마침내 결정합니다. '그래, 모든 것을 고려했을 때, 찬장에서 초콜릿을 꺼내야겠다.'

결정은 복잡한 과정입니다. 체스를 두면서 수를 두기 전에 '생각을 하는' 컴퓨터도 같은 일을 하지만, 우리보다 덜 복잡한 방식으로 합니다. '결정'은 행동하기 전에 뉴런 사이에서 일어나는 이 복잡한 과정에 우리가 붙인 이름입니다. 이는 이상한 일이 아닙니다. 세상은 복잡한 과정으로 가득 차 있으니까요. 하지만 결정에는 우리에게 중요한 또 다른 측면이 있습니다. 우리가 '자유롭게' 결정할 수 있다는 점이죠. 고민 끝에 내린 결정일 수도 있고, 생각없이 즉흥적으로 내린 결정일 수도 있지만, 예측할 수 없는 방식으로 자발적으로 결정하는 것은 바로 **우리** 자신입니다. 우리의 자유로운 결정의 결과로 세상은 다른 미래로 진화할 수 있습니다. 결국, 우리는 초콜릿을 먹지 않았을 수도 있습니다. (먹은 후에도 그렇게 말할 수 있죠.) 우리는 '자유롭게' 결정할 수 있지만, 과거가 아닌 미래만을 결정할 수 있습니다.

**이러한** 시간의 비대칭성은 어디에서 비롯된 것일까요?

답은 여전히 같습니다. 우리가 살고 있는 세상의 불균형에서 나온 결과인 것이죠. 결정 또한 평형을 향한 되돌릴 수 없는 한 걸음입니다.[59] 선택의 자유는 **미시적인** 것이 아니라, 일어나는 일에 대한 **거시적인** 기술에 관한 것입니다. 갈라지는 것은 **거시적** 이야기입니다. 이는 하나의 **거시적** 과거가 서로 다른 **거시적** 미래들과 양립할 수 있기 때문에 가능합니다. 그리고 서로 다른 미시적 과거들이 그 **거시적** 과거에 상응하기 때문에 가능합니다.

우리가 추구하는 결정의 자유, 참으로 소중한 그 자유는 실재합니다. 그러나 17세기에 스피노자가 이미 명확히 밝혔듯이, 선택에서 일어나는 일을 우리가 완전히 재구성할 수 없고, 우리가 무엇을 결정할지 예측할 수 없다는 사실을 우리가 그저 '자유'라는 이름으로 부를 뿐입니다. 스피노자는 다음과 같이 썼습니다. "인간은 자신의 선택과 욕망을 알고 있기 때문에 스스로 자유롭다고 믿는다. 그러나 자신이 무언가를 원하고 선택하게 만드는 원인에 대해서는 모르며, 그러한 원인에 대해서는 조금도 관심을 기울이지 않는다."[60] 그리고 다시 이렇게 썼습니다. "인간은 자신의 자유의지로 어떤 일을 하거나 하지 않을 수 있다고 생각한다. 이는 그저 자신을 그렇게 행동하게 만드는 원인을 모르는 것일 뿐이다."[61]

이상하게도 어떤 사람들은 이런 사실에 매우 혼란스러워합니다. 저는 그들이 오류에 빠져 있다고 생각합니다. 늙은 어부의 오류입니다.[62]

옛날 옛적에 석양을 아주 좋아하는 늙은 어부가 있었습니다. 수평선은 불타오르는 듯하고, 태양은 장엄하게 내려와 천천히 바닷속으로 가라앉고, 하늘은 "동방 사파이어의 감미로운 빛깔로"[63] 물들고, 별들이 하나씩 빛을 냅니다.

어느 날 도시에서 온 한 남자가 늙은 어부에게 찾아와 말했습니다.

"태양은 바닷속으로 가라앉지 않습니다. 저기 그대로 가만히 있고, 항상 빛나고 있습니다. 당신이 보는 것은 우리가 발 디디고 있는 지구의 자전 때문에 보이는 광경일 뿐입니다."

늙은 어부는 깜짝 놀랐습니다. 그는 도시에서 온 남자의 말을 믿었습니다. 그는 혼란스러워지기 시작했습니다.

석양은 환상이고, 그래서 진짜가 아니라는 얘기였습니다. 그는 수년 동안 진짜로 있지도 않은 일을 바라봤던 것입니다. 평생을 속아왔다는 것이었죠.

그는 생각했습니다. 석양이 환상이라면 그것에 기대서는 안 된다. 석양 없이 살아가는 법을 배워야 한다. 그는 그렇게 하려고 애썼지만, 그것은 재앙이었습니다. 그는 언제 잠을 자야 할지 몰랐고, 저녁에도 밤이 오기를 기다리지 않았습니다. 석양이 나타나면 '저건 환상이야, 사실이 아니야, 석양은 없어. 태양은 바다로 가라앉지 않아, 태양은 항상 빛나고 있어. 나는 현실을 진지하게 받아들여야 해. 잠을 자면 안 돼.' 그는 더 이상 잠을 잘 수 없었고 결국 미쳐버렸습니다.

분명 노인은 오류에 빠져 있었습니다. 하지만 미묘한 오류였죠. 노인을 혼란스럽게 한 것은 석양이 진짜인지 환영인지 여부였습니다. 석양은 도시 남자의 지식 때문에 가짜로 입증됩니다. 노인은 그의 말을 믿었죠. 해는 바다로 가라앉지 않습니다. 그러나 석양이 존재한다는 것을 부정하는 것은 터무니없어 보이고, 과도하고 무의미한 추론으로 이어집니다. 어디에 혼란이 있는 걸까요?

혼란은 석양의 의미에 있습니다. 노인은 해가 바닷물에 잠기는 것을 석양이라고 생각하며 자랐습니다. 그래서 해가 바닷속으로 가라앉지 않는다는 사실을 알게 되고서 석양은 없다고 결론을 내립니다.

그러나 코페르니쿠스를 아는 우리는 태양이 움직이지 않는다는 것을 알면서도 석양에 대해 담담하게 이야기합니다. 우리는 석양을 즐기고, 석양을 기대하며, 석양이 없다고 말할 생각은 하지도 않습니다.

우리는 석양의 개념을 **재조정한** 것입니다. 우리에게 석양은 실재하고, 늘 보아왔던 그 석양입니다. 그러나 그것은 더 이상 바닷속으로 가라앉는 태양이 아닙니다. 우리에게 그것은 지구의 자전 때문에 우리가 햇빛이 비추는 부분에서 멀어질 때 일어나는 일입니다. 그래도 여전히 같은 석양입니다.

그렇다면 우리가 과거와 미래가 단지 관점적 현상일 뿐이라는 사실을 알게 되었다고 해서 불안해해야 할까요? 우리의 자유가 거시적 현상이지 미시적 차원에서 확인되지 않는다고 해서 왜? 이는 석양이 바다로 가라앉는 것이 아님을 발견한 것과 마찬가지입니다. 우리 삶에는 아무런 변화가 없습니다.

　실제로 블랙홀을 향한 미묘한 논리가 우리의 기억과 선택을 향한 논리와 똑같다는 사실을 발견하면 우리는 동일한 총제적인 흐름, 영원한 흐름의 일부임을 느끼게 됩니다.

　거시적 세계의 모든 정보는 과거의 불균형이 해소되면서 생겨납니다.[64] 모든 기억에 저장된 정보는 과거의 불균형에 내재된 정보에서 비롯됩니다. 모든 자유로운 선택에서 생성되는 정보는 과거의 불균형으로부터 비롯된 것이며, 그 불균형의 감소를 동반합니다.

그 종착점은 아주 특별해 보입니다. 우리의 뉴런, 책, 컴퓨터, 세포의 DNA, 어떤 기관의 역사적 기억, 인터넷의 데이터 콘텐츠, "미소 지으며 거룩한 눈을 빛내는 나의 정다운 안내자"[65] 등, 생명과 문화와 문명과 마음을 구성하는 모든 정보의 궁극적인 원천은 다름 아닌 과거 우주의 불균형입니다.[66]

생물권과 인간 문화 전체는 두 수조 사이에 일어나는 물결의 소용돌이와 같습니다. 불균형 상태가 돌이킬 수 없이 무너져 내려 수십억 년에 걸쳐 더디게 평형을 향해 가고 있는 것입니다.

바로 이런 이유 때문에, 결과가 원인보다 먼저 오는 것이 아니라 원인 뒤에 오는 것입니다. 원인은 흔적을, 기억을 남기는 개입입니다. 원인과 결과의 관계는 세계의 평형을 향해 나아가는 한 단계입니다. 원인과 결과의 물리학은 흔적과 기억의 물리학과 같습니다. 그것은 모두 평형과 관련되어 있습니다.[67]

시간의 방향이란 사물이 이러한 평형을 향해 가는 움

직임입니다. 이는 우리가 과거라고 부르는 시간의 특정 상황으로 인한 우연한 현상입니다.

그것은 세계에 대한 **거시적** 기술과 관련이 있고 세계를 기술하는 데 사용되는 거시적 변수에 따라 달라지기 때문에 관점적 현상입니다. 그러나 관점적 현상은 장엄할 수 있습니다. 매일 우리 주위를 도는 태양, 달, 별의 회전은 관점적 현상입니다. 별과 태양 자체는 돌지 않죠. 하지만 그렇다고 해서 하늘의 회전이 덜 장엄해지지는 않습니다.

우주적 시간의 흐름도 그처럼 장엄합니다.

물결이 잦아든 수조에서처럼 평형상태의 우주에서는 어떤 현상으로도 과거와 미래를 구분할 수 없습니다. 우리는 시간이 어느 방향으로 흘러가는지 알 수 없습니다.

그러나 그러한 우주에서는 우리에게 훨씬 더 극단적인 결과가 있을 것입니다. 우리는 생각을 할 수 없게 됩니다. 생각한다는 것은 에너지를 소진하는 것이기 때문에, 우리는 관찰도 추론도 할 수 없을 것입니다. 감각은 기록, 즉 기억이기 때문에 우리에게는 아무런 감각도 없을 것입니다. 평형상태에서는 그런 것들이 작동하지 않습니다. 우리는 음악을 들을 수 없을 것입니다. 우리가 앞선 음을 **기억할** 때만 음악이 머릿속에 있을 수 있기 때문입니다. 우리는 더 이상 생각하고 느끼는 존재가 아니게 될 것입니다.

생각에는 불균형이 필요하기 때문에, 시간에 방향이 있다는 생각이 우리에게는 너무 자연스럽고, 시간에 방향이 있음이 근본적이지 않다는 생각을 받아들이기가 너무 어렵습니다. 우리의 사고에서 시간이 방향성을 갖는 것은 우리의 사고 자체가 비가역적인 현상이기 때문입니다. 우리가 비가역적인 현상이기 때문입니다.

칸트를 자연화한다면 우리는 시간의 화살이 존재하는 것이, 즉 이전 단락의 세가지 조건인 불균형, 시스템 분리, 긴 이완 시간이 존재하는 것이 의식의 선험적 필요조

건이라고 말할 수 있습니다. 왜냐하면 지식은 우리와 같은 자연의 존재에게 자연스러운 현상이며, 감각과 사고는 바로 이 시간의 화살에 의존하는 거시적 현상이기 때문입니다.

이제 마침내, 시간에 방향이 없다고 생각하는 것이 왜 그렇게 어려운지에 대한 답을 얻었습니다. 우리의 사고 자체가 시간의 방향성의 자식이기 때문입니다. 초기 불균형의 산물 중 하나인 것입니다.

우리는 항상 우리 자신을 주위 세계와 다르다고 생각하는 실수를 저지릅니다. 세계를 외부에서 바라보고 있다고 생각하는 것입니다. 우리는 우리 자신도 여느 사물들과 같다는 사실을 잊습니다. 우리가 바라보는 사물들과 같다는 사실을 말입니다.

그렇기 때문에, 사물에 대한 모든 탐구는 결국 우리 자신과 밀접하게 관련됩니다.

화이트홀을 이해하려고 노력할 때에도, 우리는 순수한 이성적 존재로 그렇게 하는 것이 아닙니다. 우리가 이해하려는 대상과는 다른 세계에 속하여 그렇게 하는 것이 아닙니다. 우리는 우리가 이해하려는 별들과 다르지 않고, 우리는 그 별들의 인도를 받으며 나아가는 과정 그 자체입니다.

그리고 어쩌면 바로 이 때문에, 블랙홀에 빠지면 어떤 일이 일어나는지에 관심을 갖는 것일지도 모르겠습니다. 생각해보면 내가 왜 블랙홀을 궁금해하며 글을 쓰는지, 내가 왜 이 겹겹이 쌓인 원고를 계속 뒤섞어가며 쓰고 또 고쳐 쓰는지 모르겠습니다. 이 책의 단어들의 순서는 그 단어가 태어난 혼란스러운 순서와는 거의 관련이 없습니다. (지금 다섯 번째 수정 중입니다.) 시간의 순서에는 항상 재구성된 부분이 있습니다. 현실의 흐름은 그것을 포착하려는 우리의 그 어떤 숨찬 노력보다도 더 유동적입니다…. 시간은 현실의 지도가 아닙니다. 그것은 일종의 기억 저장

장치입니다.

무언가를 연구한다는 것은 그것과 관계를 맺는 일입니다. 그 사물, 그 과정이 어떻게 전개되는지를 표현하고 단순화하며 예측할 수 있도록 상호 관계를 형성하는 일인 것입니다.

이해한다는 것은 나라는 주체를 이해의 대상과 동일시하는 것입니다. 우리 시냅스 구조의 어떤 것과 관심 대상의 구조 사이에 평행관계를 구축하는 것입니다. 지식은 자연의 두 부분 사이의 상관관계입니다. 이해란 우리의 마음과 현상 사이의 더 추상적이지만 더 친밀한 공통성인 것입니다.

개인과 집단 기억의 한없는 풍부함과 현실 구조의 엄청난 풍부함 사이에 상관관계가 이렇게 얽혀 있는 것은, 시간이 지남에 따라 사물이 평형을 이루어가는 과정의 간접적인 산물입니다.

생각과 감정의 존재인 우리는, 거시적 수준에서 우리와 세계 사이에 형성된 이러한 얽힘입니다. 우리는 다른 인간과의 관계 속에서 살아가는 사회적 존재일 뿐만 아니라, 생물권의 나머지 부분과 합창하며 태양에서 온 자유에너지를 연소시키는 생화학 유기체입니다. 우리가 현실과 얽혀 있는 뉴런을 부여받은 동물이기도 한 것은 이러한 상관관계 덕분인 것입니다.

우리는 고양이처럼 모든 일에 호기심이 많고, 심지어 화이트홀에 대해서도 호기심을 갖습니다. 가서 보고 싶어하는 것은 우리의 본성입니다. 그러나 그것을 '호기심'이라고 부르는 것은 아마도 축소된 표현일 것입니다. 그것은 사물을 향한 우리의 본성적인 움직임입니다. 왜냐하면 사물은 우리 자신이기 때문이고, 우리의 자매이기 때문입니다.

발견의 짜릿함, 토론하고 생각하며 보낸 시간들, 할과 함께한 그날의 화사한 기쁨…. 이 모든 것은 단순한 호기심이 아닙니다. 사물에 더 가까이 다가가려는 이상하고 불확실한 욕망입니다. "우리는 외로운 들판을 따라 걸어갔고…."**68**

의사소통의 진정한 목적은 단순히 말을 주고받는 데 있지 않습니다. 그것은 사물에 가까이 다가가고, 사물과 관계를 맺는 것입니다.

우리가 친구나 사랑하는 사람과 대화할 때, 우리는 그들에게 뭔가를 말하기 위해 대화하는 것이 아닙니다. 그 반대죠. 우리는 그들과 대화하고 싶어서, 뭔가 말할 것이 있다는 구실을 대는 것입니다.

천국에서 단테가 베아트리체에게 교리 문제에 대해 질문할 때, 정말로 교리 문제가 목적이었을까요? 오히려 "베아트리체가 사랑의 불꽃 가득한 거룩한 눈으로 나를 바라보기에, 그에 눌린 나의 시력은 힘을 잃고 달아났고, 나는 눈을 숙이고서 거의 정신을 잃을 뻔했던"[69] 순간에 이르고 싶었던 것이 아니었을까요?

세계도 마찬가지입니다. 공간과 시간, 블랙홀과 화이트홀을 연구하는 것은 우리가 실재와 관계를 맺는 방식 중 하나입니다. 실재는 '그것'이 아나라 '당신'입니다. 서정시인들이 달에게 말을 걸 때처럼 말입니다. 《정글북》에서는 모든 동물들이 서로를 인정하는 외침을 주고받죠.

"당신과 나, 우리는 같은 피를 나누었다."

나는 우리가 우주를 이해하고 우리 자신을 이해하기 위해서는 우주를 항상 '당신'으로 불러야 한다고 생각합니다. 우리가 사물과 하나임을 인정하는 그런 '당신'이죠. 당신과 나, 우리는 같은 피를 나눈 것입니다. "우리 영혼에 축축한 이슬비가 내리는 11월이 될 때면"[70] 우리는 세계로 가는 배에 조용히 올라타면 됩니다.

여러 해 전, 인도를 혼자 여행하던 저는 사람과 동물이 꽉 들어찬 허름한 버스 안에서 오랜 시간 동안 짓눌려 뒤척이고 있었습니다. 버스는 끝없이 펼쳐진 시골의 뜨거운 열기를 헤치고 덜커덩거리며 나아가고 있었습니다. 옆에는 하얀 튜닉을 입은 수줍은 표정의 작은 인도 소년이 내 몸에 밀려 똑같이 뒤척이고 있었습니다. 꽤 오랜 시간이 흐른 후, 소년은 조심스럽게 나에게 뭐 하나 물어봐도 되겠느냐고 말했습니다. 단도직입으로 던진 그 질문은 "신을 향한 나의 길이 무엇이냐"는 것이었습니다. 물론 저는 대답할 수 없었습니다. 여러 해가 지난 오늘 어쩌면 저는 그에게 뭔가를 말해줄 수 있을 것입니다.

수Sioux 족의 한 장로에 따르면 삶의 의미는 우리가 만나는 모든 것을 향해 노래하는 것이라고 합니다.

이것은 화이트홀을 향한 나의 노래입니다.


## 7.

이제 우리에겐 전체 그림이 있습니다. 우주 공간을 항해하는 거대한 수소 구름이 자체 중력에 이끌려 밀도가 높아지기 시작합니다. 수소 구름은 수축하면서 가열되고 발화하여 별이 됩니다. 수소는 헬륨과 다른 재로 변할 때까지 수십억 년 동안 연소됩니다. 별은 중력을 버티지 못하고 붕괴되어 블랙홀 속으로 가라앉습니다. 모든 것이 격렬하게 요동치고 온도가 극도로 높은 원시우주의 지옥에서는 또 다른 블랙홀이 형성되기도 합니다.

어떻게 형성되었든, 물질은 가라앉아 빠르게 중심에 도달합니다. 여기서는 공간과 시간의 양자구조가 물질이 더 이상 압착되는 것을 방지합니다. 그것은 플랑크 별이 되었다가, 바운스를 일으키며 폭발하기 시작합니다.

그 주변 블랙홀 내부의 공간도 양자도약을 통해 기하학적 구조가 재배열되어 간달프처럼 블랙에서 화이트로 변합니다.

이 전환 과정은 아마도 이전 우주의 붕괴로 인해 빅뱅으로 이어진 과정과 동일한 종류의 과정입니다. 공간과 시간이 용해되고 재편되는 과정이죠. 이는 공간과 시간을 벗어난 과정이지만, 양자 중력 방정식으로 기술할 수 있습니다.

화이트홀에서는 떨어지는 모든 것이 위로 날아갑니다. 결국 들어갔던 모든 것은 화이트홀의 지평선에서 완전히 빠져나와 태양과 다른 별들을 보러 돌아옵니다.

외부에서 보는 전체 과정은 매우 오랜 시간이 걸립니다. 심지어 수십억 년 이상이 걸리기도 합니다. 블랙홀은 증발하는 데 매우 오랜 시간이 걸리고,[71] 화이트홀이 소멸하기까지는 훨씬 더 오랜 시간이 걸립니다.[72] 그리하여 이 특별한 과정의 길고 행복한 생애가 끝날 때까지 모든 정보와 약간의 남은 에너지를 방출합니다.

네, 긴 시간입니다. 하지만 유한합니다. 모든 생명체, 모든 별, 모든 은하, 모든 이야기, 기쁨과 슬픔이 공존하는 이 우주에서 우리 모두의 삶이 유한하듯이 말입니다. 화이트홀도 영원하지 않습니다.

그러나 '아주 오랜 시간'이란 **외부의 사람들에게** 흐르는 시간을 말합니다. 별이 붕괴하는 것을 보고 블랙홀이 증발하여 화이트홀로 변하기를 기다리는 외부의 사람들, 그리고 지평선이 사라질 때까지 내부에 있는 것들이 천천히 빠져나오기를 기다리는 사람들의 시간 말입니다. 이것은 **외부** 시간입니다. 붕괴하여 블랙홀을 형성하는 물질과 함께 지평선 안으로 들어간 사람은, 양자 영역까지 순식간에 (별이 정말 거대하다고 해도 기껏해야 몇 시간 안에) 도착할 것입니다. 그리고 도달하던 찰나에 그곳을 통과해 다시금 순식간에 화이트홀의 지평선을 빠져나와서는, 들어왔을 때와 비교하면 먼 미래에 있는 자신을 발견하게 될 것입니다.

안에서는 잠깐이지만 밖에서는 수십억 년이 흘렀습니다. 이처럼 우주에는 시간에 대한 극명하게 다른 관점들이 공존합니다. 우주가 공동으로 긴 생애를 영위한다는 우리의 평소 직관은 들어맞지 않습니다. 중력은 우리가 상상했던 것 이상으로 시간을 구부립니다. 블랙홀과 화이트홀의 일생의 전 과정은 마치 한순간에 엄청나게 먼 미래로 가는 지름길과도 같습니다.

플랑크 별의 반등은 결국 미래로 가는 지름길입니다. 밖에서는 영겁의 세월이 천천히 흘러가는 동안, 잠시 안전하게 숨을 수 있는 길입니다.

그러나 이마저도 집중된 자유에너지의 분산일 뿐이며, 총체적인 엔트로피 증가의 작은 한 단계에 지나지 않습니다. 화이트홀은 한편으로 우리의 시간 감각을 왜곡합니다. 다른 한편으로는 평형을 향해 흩어지는 거대한 강의 광활함을 다시 한번 보여줍니다. 릴케의 "영원한 흐름이 언제나 두 영역 사이로 모든 세대를 휩쓸어 가, 두 영역 속의 모두를 압도"[73]하는 것입니다.

외부에 있는 사람들에게 오랫동안 남아 있는 화이트홀은 미세한 잔류 에너지를 약하게 방출하는 작고 매우 안정된 물체입니다. 내부에서는 여전히 광활한 세계이지만, 외부에서 보면 완전히 정상적인 중력을 가진 단순한 작은 덩어리처럼 행동합니다.

질량은 얼마나 될까요? 플랑크 질량보다 작을 수 없습니다. 플랑크 질량의 지평선은 플랑크 영역의 크기이고, 공간의 입자성으로 인해 플랑크 영역의 크기보다 더 작은 것은 존재할 수 없기 때문이죠. 그렇다고 많이 클 수도 없습니다. 큰 화이트홀은 불안정하여 다시 블랙홀로 변할 것이기 때문입니다.[74] 플랑크 질량은 작은 털 한 올의 질량입니다.

하늘의 화이트홀은 떠다니는 작은 털 한 올과도 같습니다.

털과는 달리 전하가 없기 때문에 빛과 상호작용을 하지 않아 보이지 않습니다. 아주 약한 중력만 가지고 있을 뿐입니다.

원시우주나 빅뱅 이전의 우주에서 많은 블랙홀이 형성되었고 지금은 증발했다면, 지금 이 순간에도 보이지 않는 몇 분의 일 그램의 알갱이들이 수백만 개씩 하늘에 떠다니고 있을 가능성이 있습니다.

정말 저기에 있을까요?

누가 알겠습니까? 정말로 있다면 할과 저는 정말 기쁠 것입니다. 그 짧은 첫 눈길에서 그랬던 것처럼, 모든 진정한 사랑 이야기는 열릴 수 있을 뿐 결코 닫히지 않습니다. 이 글을 쓰고 또 쓰면서 제가 말하고 또 말한 이야기는 끝을 맺지 않았습니다. 그것은 계속 풀려나가는 이야기입니다. 우리는 그 신비를 바라봅니다. 우리는 어둠 속을 들여다보고 신호를 해석하려고 노력합니다.

1933년 5월 15일 저녁, 수백만 명의 미국인들이 하늘의 휘파람 소리를 들었지만 수십 년 동안 아무도 그것이 은하수 중앙의 블랙홀이었다는 것을 알지 못했습니다. 그처럼 하늘에 있는 이 작은 화이트홀도 이미 오래전에 그 존재를 드러냈는데 우리가 아직 알아차리지는 못한 것일지도 모릅니다. 천문학자들은 중력을 통해서만 그 모습을 드러내는 신비한 보이지 않는 먼지가 우주에 가득 차 있다는 사실을 오래전부터 관찰해왔습니다. 이를 '암흑 물질'이라고 부르죠.

암흑 물질의 일부는 어쩌면 수십억 개의 작고 섬세한 화이트홀로 이루어져 있을 수 있습니다. 블랙홀의 시간을 거꾸로 돌리고, 잠자리들처럼 우주를 가볍게 떠다닐 화이트홀 말입니다.

**감수의 글**

이 책은 아직 우리가 그 존재를 확인할 수 없고 상상만 할 뿐인 화이트홀을 다루고 있다. 이름만 보면 화이트홀은 블랙홀과 떼려야 뗄 수 없는 관계에 있는 것 같다. 모든 것을 빨아들이는 블랙홀이 있다면, 그 대척점에 모든 것을 뱉어내는 화이트홀이 있어야 할 것처럼 말이다. 아직 상상 속의 존재이기에 학자마다 화이트홀에 대한 설명이 동일하진 않다. 카를로 로벨리는 자신의 루프 양자 중력 이론을 통해 화이트홀이 어떻게 생성되고 작동하는지를 이론적이지만 매우 설득력 있게 해명하려 한다.

사실 이러한 작업을 한 것이 로벨리가 처음은 아니다. 아인슈타인이 1915년에 일반 상대성 이론에서 별의 중력과 주변 시공간 구조 간의 긴밀한 상관성을 다룬 중력장 방정식을 제시한 이래로, 수많은 우주 물리학자들이 이 방정식을 활용하여 우주 초기 빅뱅에서 블랙홀에 이르기까지 별의 운동과 진화 과정을 부분적으로나마 설명해왔다.

이 가운데 로벨리는 블랙홀에 관한 단편적 설명들, 퍼즐 조각을 모아 블랙홀에 관한 일관된 큰 그림, 하나의 조각보를 만든 것이다. 그리고 이 큰 그림의 마지막 장에 화이트홀이 등장한다. 우주의 진화가 블랙홀의 종말에서 멈추지 않고 화이트홀로 한 발짝 더 나아간다는 것. 블랙홀의 생애에 관한 이 큰 그림은 아인슈타인의 일반 상대성 이론(중력 이론)과 양자 이론에 근거하고 있어 치밀하고 논리적이다. 또한 내가 우주선을 타고 직접 비행하는 것 같은 매우 현실적인 상황을 상상을 통해 체험하게 해준다. 그래서인지 로벨리의 이야기를 쫓아가다보면 어느새 화이트홀이 마치 내 주변에 있는 것처럼 느껴진다. 로벨리와 함께 잠시 블랙홀의 생애를 엿보기 위한 우주여행을 떠나보자.

빅뱅 이후 우주 공간을 떠다니던 거대한 수소 구름은 자체 중력에 이끌려 밀도가 높아지고 수축하기 시작한다. 수축하면서 가열되고 발화하여 태양과 같은 별이 되는데, 이는 수소가 헬륨과 같은 다른 재로 변할 때까지 수십억 년 지속된다. 수소가 모두 연소되어 재로 변해 열에 의한 팽창이 멈추면, 별은 자체 중력을 버티지 못하고 압축 붕괴하여 블랙홀이라는 거대 공간을 만든다. 그리고 별의 물질은 블랙홀 안으로 빨려 들어가 가라앉는다. 이때 별이 지녔던 에너지는 '호킹 복사'로 인해 점점 사라져간다. 블랙홀이 일단 만들어지면 그 주변의 별들도 함께 빨려 들어가는데, 이때 양자적 특성으로 인해 별들의 음의 에너지 성분이 빨려 들어가 블랙홀 속의 별이 지닌 (양의) 에너지를 소진시킨다. 이 과정을 호킹 복사라고 한다. (이런 이유로 스티븐 호킹은 블랙홀이 결국 증발하게 될 것이라고 주장하였다.)

블랙홀 속 별의 물질은 호킹 복사로 계속 에너지를 소진하고 동시에 점점 더 압착되어 끊임없이 작아지면서, 블랙홀의 시공간 구조를 입구가 좁고 몸통이 점점 길어지는 깔때기 모양으로 왜곡시킨다. 많은 사람들은 이 과정이 무한 지속되고, 별의 물질도 블랙홀도 결국 모두 파괴되어 사라질 것이라 생각했다. (스티븐 호킹이 말한 블랙홀의 증발과는 다른 맥락에서) 블랙홀의 종말이 올 것으로 생각한 것이다. 하지만 로벨리는 여기가 끝이 아니라고 말한다. 끝없이 압착되면서 사라질 것 같았던 물질은 공간과 시간의 양자적 구조에 의해 더 이상 작아질 수 없는 최소 크기에 도달하면서 압착을 멈춘다. 물질도 최소 크기에 머무는데 이를 '플랑크 별'이라고 부른다. 이 지점이 바로 블랙홀의 특이점이다.

플랑크 별은 양자적 특성을 지니면서 양자 터널을 통해 또 다른 세계로 양자도약을 한다. 그 다른 세계가 바로 화이트홀이다. 블랙홀에서 바닥까지 가라앉았던 물질이 화이트홀에서는 바닥을 딛고 다시 위로 반등(바운스)하기 시작하고, 동시에 공간과 시간의 구조도 다시 팽창한다. 마치 블랙홀 안에서 시간을 거꾸로 돌린 것처럼 말이다. 그런 의미에서 화이트홀은 시간이 역전된 블랙홀이라고 할 수 있다. 블랙홀은 '무'로 해체되어 사라진 것이 아니라 화이트홀로 전이한 것이다. 그러나 화이트홀은 처음의 블랙홀 크기만큼 돌아가지 않고 작은 상태에 머문다. 다시 성장할 수 있는 에너지가 없기 때문에 매우 작은 상태에서 완전히 사라지기 전까지 아주 오랫동안 매우 약한 방사선만 방출한다. 결국 블랙홀로 들어갔던 모든 것은 화이트홀의 지평선까지 튀어 오른 다음 완전히 빠져나와, 태양과 다른 별들이 있는 곳으로 돌아온다. 블랙홀이 화이트홀로 환생한 것이다.

이것이 바로 로벨리가 그린 우주의 생애, 좁게는 블랙홀의 운명에 관한 큰 그림이다. 여기서 블랙홀과 화이트홀은 아인슈타인의 중력 방정식으로, 특이점에서의 양자 전이는 양자 이론으로 설명가능하다. 나아가 로벨리는 이를 바탕으로 우주의 빅뱅이 우주의 시작이 아니라 그 이

전 우주의 붕괴로 만들어진 화이트홀의 '빅 바운스'일 수
도 있다는 생각, 그리고 우주에 가득 차 있다는 암흑물질
일부 역시 어쩌면 수십억 개의 작고 섬세한 화이트홀로
이루어졌을 수도 있다는 생각을 조심스럽게 내비친다.

　　이 이야기에서도 로벨리는 '관점'과 '관계'를 강조한
다. 로벨리와 함께 우주선을 타고 블랙홀 안으로 들어가
양자 전이를 거쳐 화이트홀로 나온 우리에게는 양자 전이
지점을 제외하곤 시간이 정상적으로 흐른다. 하지만 블랙
홀에서 멀리 떨어진 제3자가 보면 우주선의 시간은 지평
선에 다가갈수록 점점 느려지다가 지평선에선 멈춘 것처
럼 보인다. (로벨리는 양자 전이하는 동안 공간과 시간은 해체되
어 확률의 구름 속으로 용해되고, 그 후에 다시 기하학적 구조를 갖
고 재배열된다고 주장한다.) 어쩌면 우주선 안에서의 몇 시간
이 제3자의 관점에서 볼 때 몇 억년의 시간이 될지도 모른
다. 이처럼 시간은 관점에 따라 다르다. 그리고 몇 시간 또
는 몇 억년도 각기 우주선 안의 시계와 우리, 우주선 안의
시계와 제3자 사이의 관계로 볼 수 있다.

끝으로 이 거대한 이야기가 우리에게 던지는 한 가지 함의를 독자들과 함께 음미해보고자 한다. 우주가 빅뱅으로 시작(탄생)하여 블랙홀의 종말로 마무리(죽음)되는 것이 아니라 다시 화이트홀로 환생하며 끊임없이 순환할지도 모른다는 생각은, 인간의 삶과 죽음에 어떤 유비적 함의를 던져 주는 것 같다. 우주에서 인간은 비록 미미한 존재지만 그래도 우주의 일부이기에, 인간의 삶 역시 탄생과 죽음으로 일단락되는 것이 아니라 우주처럼 어쩌면 그 너머로까지 이어져 지속될지도 모른다는 희망 말이다. 자연주의자인 카를로 로벨리는 '공간과 시간, 블랙홀과 화이트홀을 연구하는 것은 우리가 실재와 관계를 맺기 위한 한 가지 방식'임을 강조한다. 그리고 "우리가 우주를 이해하고 우리 자신을 이해하기 위해서는 우주를 항상 '당신'으로 불러야 한다."고 말한다. 우리가 사물과 하나임을 인정하려는 그의 태도에서, 이 함의가 매우 뜻 깊을 수 있음을 생각해본다.

이중원

# 주석

1. '사건의 지평선'이라는 말을 들어보았을 것이다. 아름다운 표현이지만 나는 그 말을 사용하지 않으려 한다. '사건의 지평선'에는 전문용어로서의 정의가 있는데, 그 정의가 블랙홀이 화이트홀로 변하는 것과 맞지 않기 때문이다. 그 전문적 사항에 대한 논의는 내가 쓴 학술서 《General Relativity》(Cambridge University Press, 2021)을 참고하라.

2. David Finkelstein, *Past-Future Asymmetry of the Gravitational Field of a Point Particle*, 《Physical Review》, 110, 1958, pp. 965-67.

3. 이론 물리학의 전체 역사에 대한 이 매우 압축된 설명이 이해가 안 되더라도 이후의 이야기를 따라가는 데는 문제가 없다. 하지만 이 이야기에 관심이 있는 독자는 나의 책 《보이는 것은 실재가 아니다》에서 자세한 설명을 찾아볼 수 있다.

4. 단테, 《신곡》, 〈지옥〉, 제3곡, 9행.

5. 단테, 《신곡》, 〈지옥〉, 제26곡, 115-120행.

6. 단테, 《신곡》, 〈지옥〉, 제26곡, 125행.

7. 단테, 《신곡》, 〈지옥〉, 제3곡, 21행.

8. 단테, 《신곡》, 〈지옥〉, 제1곡, 91행.

9. 단테, 《신곡》, 〈지옥〉, 제4곡, 13행.

10. 일정한 시간의 표면을 최대화하는 엽층foliation 이론을 사용하여 슈바르츠실xm 기하학 구조의 내부를 기술한다. 전문적인 세부 사항은 다음을 참고하라. Marios Christodoulou and Carlo Rovelli, *How Big Is a Black Hole?*, 《Physical Review D》, 91, 2015, 064046.

11. 이 그림에는 한 차원이 빠져 있다. 원은 구를 나타낸다.

12. 단테, 《신곡》, 〈지옥〉, 제4곡, 10행.

13. 단테, 《신곡》, 〈지옥〉, 제2곡, 140행.

14. Línjì Yìxuán, *Linji lù*, Taishō Shinshū Daizōkyō, 1958; ediz. it. *La Raccolta di Lin-chi*, Roma, Ubaldini, 1985, p. 45. [국역본: 《임제록》, 석지현 역주, 민족사, 2019.]

15. 주 10의 정의를 사용하고 있다.

16. 플랑크 길이는 $10^{33}$센티미터로 매우 작지만, 양자 영역에 속하기 위해 원통의 반지름이 그렇게까지 작을 필요는 없다. 블랙홀의 곡률은 질량을 반지름의 세제곱으로 나눈 정도의 크기($R \sim M/r^3$)이므로 질량이 충분히 크면 반지름도 커질 수 있다.

17. 양자 물리학은 플랑크상수라는 단 하나의 상수에 의해서 특징지어지는데, 그것이 이 규모를 결정한다.

18. 단테, 《신곡》, 〈지옥〉, 제9곡, 28-29행.

63. 단테, 《신곡》, 〈연옥〉, 제1곡, 13행.

64. 불균형은 정보이다. 평형이 클수록 미시적 상태의 수가 많아지고 거시적 상태에 포함된 정보가 적어지기 때문이다.

65. 단테, 《신곡》, 〈천국〉, 제3곡, 23-24행.

66. 과거의 낮은 엔트로피는 모든 흔적이나 기억에 포함된 모든 정보의 궁극적인 원천이다.

67. 원인과 결과의 구분은 현상에 대한 미시적 기술에서는 의미가 없다. 사물의 미시적 수준에서는 규칙성, 물리법칙, 확률이 있으며, 이러한 개념은 과거와 미래를 구별하지 않는다. 과거와 미래의 구별은 우리가 거시적이라고 부르는 변수로 기술되는 우주 역사의 속성이다. 단지 이러한 이유로 우리는 원인을 이야기할 수 있다.

68. 단테, 《신곡》, 〈연옥〉, 제1곡, 118행.

69. 단테, 《신곡》, 〈천국〉, 제4곡, 139-142.

70. 허먼 멜빌, 《모비딕》, 제1장.

71. 플랑크 단위로 $m^3$ 차원의 시간이다. 여기서 m은 블랙홀의 초기 질량이다.

72. 플랑크 단위로 $m^4$ 차원의 시간이다.

73. 릴케, 《두이노의 비가》, 제1비가.

74. 거시적 화이트홀은 불안정하다. 반면 플랑크 질량의 화이트홀은 양자 중력에 의해 안정화된다. C. Rovelli and F. Vidotto, *Small Black/White Hole Stability and Dark Matter*, 《Universe》 4, 2018, p.127.

# 화이트홀

2024년 9월 1일 초판 1쇄 발행

**지은이** 카를로 로벨리
**옮긴이** 김정훈　**감수** 이중원
**펴낸이** 이원주, 최세현　**경영고문** 박시형

**책임편집** 조아라　**디자인** 진미나
**기획개발** 강소라, 김유경, 강동욱, 박인애, 류지혜, 이채은, 최연서, 고정용, 박현조
**마케팅** 양봉호, 양근모, 권금숙, 이도경　**온라인홍보팀** 현나래, 신하은, 최혜빈
**디자인실** 윤민지, 정은예　**디지털콘텐츠팀** 최은정　**해외기획** 우정민, 배혜림
**경영지원** 홍성택, 강신우, 김현우, 이윤재　**제작** 이진영
**펴낸곳** (주)쌤앤파커스　**출판신고** 2006년 9월 25일 제406-2006-000210호
**주소** 서울시 마포구 월드컵북로 396 누리꿈스퀘어 비즈니스타워 18층
**전화** 02-6712-9800　**팩스** 02-6712-9810　**이메일** info@smpk.kr

ⓒ 카를로 로벨리(저작권자와 맺은 특약에 따라 검인을 생략합니다)
ISBN 979-11-6534-993-6 (03400)

- 이 책은 저작권법에 따라 보호받는 저작물이므로 무단전재와 무단복제를 금지하며, 이 책 내용의 전부 또는 일부를 이용하려면 반드시 저작권자와 (주)쌤앤파커스의 서면동의를 받아야 합니다.
- 잘못된 책은 구입하신 서점에서 바꿔드립니다.
- 책값은 뒤표지에 있습니다.

쌤앤파커스(Sam&Parkers)는 독자 여러분의 책에 관한 아이디어와 원고 투고를 설레는 마음으로 기다리고 있습니다. 책으로 엮기를 원하는 아이디어가 있으신 분은 이메일 book@smpk.kr로 간단한 개요와 취지, 연락처 등을 보내주세요. 머뭇거리지 말고 문을 두드리세요. 길이 열립니다.